LA METHODE DES FLUXIONS, ET DES SUITES INFINIES.

Par M. le Chevalier NEWTON.

Traduit en françois par mr. de Buffon intend.t du jardin du Roy.

A PARIS,

Chez DE BURE l'aîné, Libraire, Quay des Augustins, à Saint Paul.

M. DCC XL.

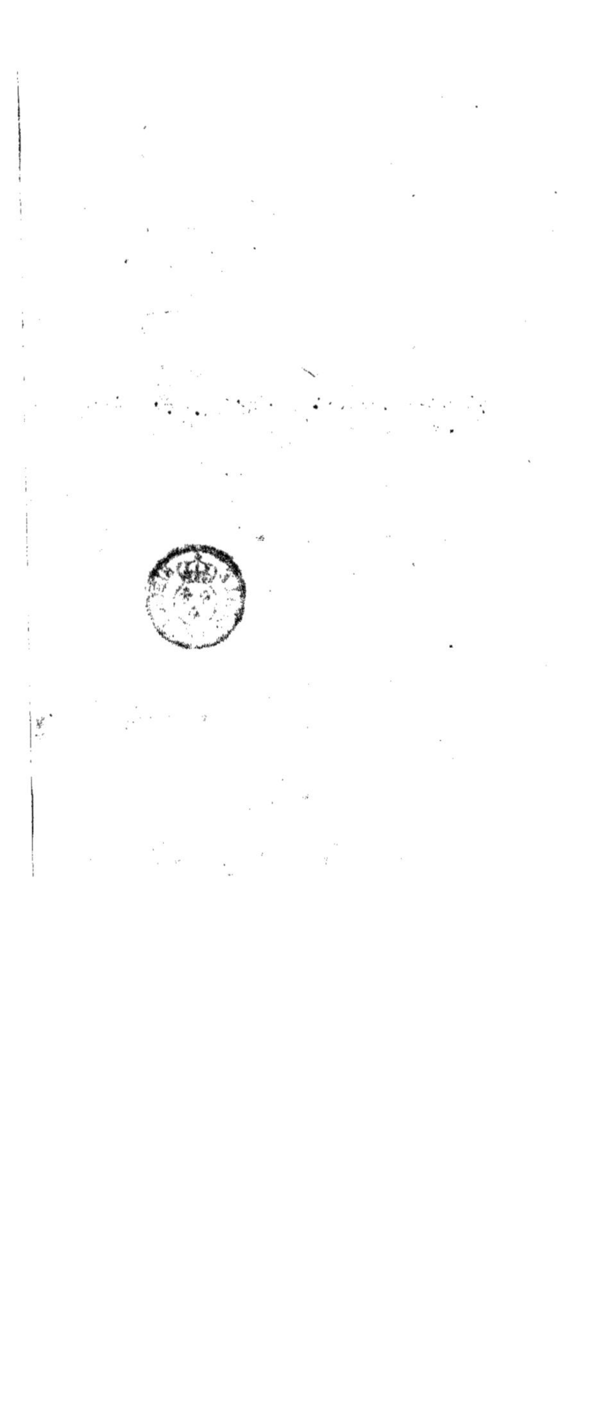

PREFACE.

L'OUVRAGE dont on donne ici la Traduction, a été commencé en 1664. & achevé en 1671 : * Newton encore peu connu dans ce tems vouloit le faire imprimer à la suite d'une introduction à l'Algebre d'un certain Kinckhuysen, qu'il avoit corrigée & augmentée ; on ne voit pas pourquoi ce Livre ne fut pas imprimé : on voit seulement que dans la même année Newton changea d'avis, & prit le dessein de le publier avec son Optique dont il avoit déja composé la plus grande partie : mais les objections & les chicanes qu'on lui fit sur ses principes & sur ses expériences d'Optique, le chagrinérent & l'empêcherent de donner au Pu-

* Voyez le Com. Epistolicum. pag. 101, 102, &c. Newtoni Princip. 3. Ed. pag. 246.

blic ces deux Ouvrages. Voici ce qu'il en dit lui-même: *Et suborta statim (per diversorum Epistolas objectionibus refertas) crebra interpellationes me prorsus à concilio deterruerunt & effecerunt ut me arguerem imprudentia quod umbram captando, eatenus perdideram quietem meam rem prorsus substantialem.* Il semble même qu'Il ait entiérement oublié son Ouvrage jusqu'en 1704. qu'il en a tiré son Traité des Quadratures. Plusieurs années après M. Pemberton * obtint son consentement pour faire imprimer l'Ouvrage entier, on ne sçait encore pourquoi cela a manqué ; enfin l'Auteur est mort avant que le Livre ait paru, & encore il n'a paru que traduit. Newton la composé en latin, M. Colson entre les mains de qui le Manuscrit a été remis, n'a pas voulu le donner en original ; il l'a traduit, & en 1736. il l'a fait imprimer en Anglois, afin, dit-il, que les Anglois ses compatriotes pussent jouir des travaux du Grand Newton avant les autres Nations. Il ajoute une raison qui me paroît meilleure & plus naturelle ; c'est qu'il avoit envie de joindre un Commentaire & des Notes de sa main, ces Notes sont en Anglois, & apparemment il a voulu éviter la peine de les mettre en Latin.

Quoiqu'il en soit, c'est sur cette version Angloise que j'ai fait ma traduction ; elle n'en sera pas plus mauvaise pour cela ; car j'ai suivi en tout l'esprit de l'Auteur, encore plus que le sens littéral ; dans des

* Voyez A Wiew of Sir Isaac Newton's Philosophy.

matiéres de cette espéce il suffit d'entendre les choses pour les bien rendre ; d'ailleurs la Géometrie & sur-tout la Géometrie de Newton n'a qu'un style. Je n'ai pas traduit le Commentaire de M. Colson, cependant j'en fais cas, & j'avouë qu'il contient plusieurs bonnes choses ; mais il faut avouer aussi que ces bonnes choses se trouvent noyées dans une diffusion de calcul qui rebute ; que d'ailleurs ce long Commentaire n'est qu'un commencement de Commentaire, & que l'Auteur nous promet une suite bien complette au cas que ce commencement soit bien reçu ; ajoutez à tout cela que ces longues Gloses sont suivies de deux grands Chapitres qui n'ont aucun rapport avec l'Ouvrage ou le Commentaire ; en voilà plus qu'il n'en faut pour justifier ma répugnance à le traduire.

On n'aura donc ici que Newton tout seul ; mais Newton plus clair, plus traitable, & plus à la portée du commun des Géometres qu'il ne l'est dans aucun autre de ses Ouvrages ; en 1671. dans le tems que ce Livre a été composé, il auroit eu besoin de Commentaire ; mais la Géometrie a fait de grands progrès depuis soixante-dix ans, & je ne crois pas que les Géometres soient arrêtés à la lecture de cet Ouvrage, qui a toute la clarté & toute l'étenduë nécessaire pour être facilement entendu, dont les principaux articles ont déja été commentés *, & qui

* Voyez les Ouvrages de Messieurs Stirling, Maclaurin.

d'ailleurs ne contient guére de choses entierement nouvelles, & dont on ne sache au moins les résultats, tant par les morceaux que Newton lui-même nous a donné en 1704, 1711, &c. que par les différentes piéces & les traités que les autres Géometres ont publié sur ces matieres.

On sera bien aise de voir en un seul petit volume le calcul différentiel & le calcul integral avec toutes leurs applications; on reconnoîtra à la maniere dont les sujets sont traités la main du grand Maître, & le génie de l'Inventeur; & on demeurera convaincu que Newton seul est l'auteur de ces merveilleux calculs, comme il l'est aussi de bien d'autres productions tout aussi merveilleuses.

Tout le monde sçait que Leibnitz a voulu partager la gloire de l'invention, & bien des gens lui donnent encore au moins le titre de second Inventeur; il a publié en 1684. les regles du Calcul Différentiel, & il a été comblé d'éloges par de très-grands Géometres, qui non contents de lui avoir rendu ces brillants hommages, travailloient encore pour lui & ajoutoient à sa réputation en lui attribuant leurs propres découvertes. D'un autre côté Newton se soutenoit par la masse de ses Ouvrages, & sembloit se reposer sur la superiorité qu'il se sentoit; il se passa plusieurs années sans aucune plainte de sa part, sans qu'il revendiquât cette découverte; mais enfin il y eut procès, procès où les Nations entieres se sont interessées, procès qui n'est pas encore terminé, ou du moins, qui a été suivi jusqu'à ce jour de chicanes, & qui peut-être est la source de la plûpart des querelles qu'on a faites au calcul infinitesimal. On ne sera pas fâché de voir ici une relation abregée de cette époque littéraire, & par occasion les principaux faits de l'Histoire de la Géometrie & du Calcul de l'Infini.

Dès les premiers pas qu'on fait en Géometrie, on trouve l'infini, & dès les tems les plus reculés les Géometres l'ont entrevû, la Quadrature de la Parabole & le Traité *de Numero Arena* d'Archimede prouvent que ce grand homme avoit des idées de l'infini, & même des idées telles qu'on les doit avoir; on a étendu ces idées, on les a maniées de différentes façons, enfin on a trouvé l'art d'y appliquer le calcul: mais le fond de la Metaphysique de l'Infini n'a point changé, & ce n'est que dans ces derniers tems que quelques Géometres nous ont donné sur l'infini des vûës différentes de celles des Anciens, & si éloignées de la nature des choses, qu'on les a méconnues jusque dans les ouvrages de ces grands hommes; & de là sont venues toutes les oppositions, toutes les contradictions qu'on a fait & qu'on fait encore souffrir au calcul infinitesimal; de là sont venues les disputes entre les Géometres sur la façon de prendre ce calcul, & sur les principes dont il dérive; on a été étonné des prodiges que ce calcul opéroit, cet étonnement a été suivi de confusion; on a cru qne l'infini produisoit toutes ces merveilles; on s'est imaginé que la connoiſſance de cet infini avoit été refuſée à tous les ſiécles & réſervée pour le nôtre ; enfin on a bâti ſur cela des ſyſtêmes qui n'ont ſervi qu'à embrouiller les Faits & obſcurcir les idées. Avant que d'aller plus loin diſons donc deux mots de la nature de cet infini, qui en éclairant les hommes ſemble les avoir ébloui.

Nous avons des idées nettes de la grandeur, nous voyons que les choſes en général peuvent être augmentées ou diminuées, & l'idée d'une choſe devenuë plus grande ou plus petite eſt une idée qui nous eſt auſſi préſente & auſſi familiere que celle de la choſe même ; une choſe quelconque nous étant donc préſentée ou étant ſeulement imaginée, nous voyons qu'il eſt poſſible de l'augmenter ou de la diminuer ; rien n'arrête, rien ne détruit cette poſſibilité, on peut toujours concevoir la moitié de la plus petite choſe imaginable, & le double de la plus grande choſe ; on peut même concevoir qu'elle peut devenir cent fois, mille fois, cent mille fois plus petite ou plus grande ; & c'eſt cette poſſibilité d'augmentation ou de diminution ſans bornes en quoi conſiſte la véritable idée qu'on doit avoir de l'infini ; cette idée nous vient de l'idée du fini, une choſe finie eſt une choſe qui a des termes, des bornes ; une choſe infinie n'eſt que cette même choſe finie à laquelle nous ôtons ces termes & ces bornes ; ainſi l'idée de l'infini n'eſt qu'une idée de privation, & n'a point d'objet réel. Ce n'eſt pas ici le lieu de faire voir que

l'eſpace,

l'espace, le tems, la durée, ne sont pas des Infinis réels; il nous suffira de prouver qu'il n'y a point de nombre actuellement Infini ou infiniment petit, ou plus grand ou plus petit qu'un Infini, &c.

Le Nombre n'est qu'un assemblage d'unités de même espece; l'unité n'est point un Nombre, l'unité désigne une seule chose en général; mais le premier Nombre 2 marque non-seulement deux choses, mais encore deux choses semblables, deux choses de même espece; il en est de même de tous les autres Nombres : Mais ces Nombres ne sont que des représentations, & n'existent jamais indépendamment des choses qu'ils représentent; les caractéres qui les désignent ne leur donnent point de réalité, il leur faut un sujet, ou plûtôt, un assemblage de sujets à représenter pour que leur existence soit possible; j'entends leur existence intelligible, car ils n'en peuvent avoir de réelle; or un assemblage d'unités ou de sujets ne peut jamais être que fini, c'est-à-dire, on pourra toujours assigner les parties dont il est composé, par conséquent le Nombre ne peut être Infini quelqu'augmentation qu'on lui donne.

Mais dira-t'on le dernier Terme de la suite naturelle 1, 2, 3, 4, &c. n'est-il pas Infini? n'y a-t-il pas des derniers Termes d'autres suites encore plus Infinis que le dernier Terme de la suite naturelle? Il paroît que les Nombres doivent à la fin devenir Infinis, puisqu'ils sont toujours susceptibles d'augmentation; à cela je réponds que cette augmentation dont ils ſont ſuſceptibles, prouve évidemment qu'ils ne peuvent être Infinis; je dis de plus que dans ces ſuites il n'y a point de derniers Termes, que même leur ſuppoſer un dernier Terme, c'eſt détruire l'eſſence de la ſuite qui conſiſte dans la ſucceſſion des Termes qui peuvent être ſuivis d'autres Termes, & ces autres Termes encore d'autres, mais qui tous ſont de même nature que les précédens, c'eſt-à-dire, tous finis, tous compoſés d'unités; ainſi lorſqu'on ſuppoſe qu'une ſuite a un dernier Terme, & que ce dernier Terme eſt un nombre infini, on va contre la définition du nombre & contre la loi générale des ſuites.

La plûpart de nos erreurs en Metaphyſique viennent de la réalité que nous donnons aux idées de privation, nous connoiſſons le fini, nous y voyons des proprietés réelles, nous l'en dépouillons, & en le conſidérant après ce dépouillement, nous ne le reconnoiſſons plus, & nous croyons avoir créé un être nouveau, tandis que nous n'avons fait que détruire quelque partie de celui qui nous étoit anciennement connu.

On ne doit donc conſidérer l'Infini ſoit en petit, ſoit en grand, que comme une privation, un retranchement à l'idée du fini, dont on peut ſe ſervir comme d'une ſuppoſition qui dans quelques cas peut aider à ſimplifier les idées, & doit generaliſer leurs réſultats dans la pratique des Sciences; ainſi tout l'art ſe réduit à tirer parti de cette ſuppoſition, en tâchant de l'appliquer aux sujets que l'on considére. Tout le mérite est donc dans l'application, en un mot dans l'emploi qu'on en fait.

Avant que Descartes eût appliqué l'Algebre à la Géometrie, les principes & la Metaphysique de la Géometrie étoient bien connus & bien certains ; cependant cette application a beaucoup augmenté nos connoissances Géometriques, & s'est étenduë sur toutes les opérations de cette science ; de même l'Infini étoit connu, & la Metaphysique de l'Infini étoit familiere aux Anciens ; mais l'application qu'on a faite de nos jours du Calcul à cet Infini, nous a mis au-dessus d'eux & nous a valu toutes les nouvelles découvertes.

Archimede, Apollonius, Viviani, Gregoire de S. Vincent, ont connu l'Infini ; leur Methode d'aproximation & d'exhaustion en sont tirées, & ils s'en sont servi pour quarrer & rectifier quelques Courbes ; mais ces connoissances de l'Infini dénuées de Calcul n'ont produit que des Méthodes particulieres, souvent embarassées & toujours confinées à quelques cas assez simples, la generalité étoit réservée au Calcul, il embrasse tout, il donne tout, aussi la Géometrie qui a précédé le Calcul est-elle devenuë moins nécessaire, & peut-être aussi a-t-elle été un peu trop négligée.

Les Anciens Géometres ont consideré les Courbes comme des Polygones composés de côtés infiniment petits, ils ont inscrit & circonscrit autour des Courbes des figures composées de parties finies & connuës dont ils ont augmenté le nombre & diminué la grandeur à l'Infini ; & par là ils sont venu à bout de mesurer quelques Courbes ; Cavallieri & vingt ans après Fermat & Wallis ont été les premiers qui ayent appliqué quelques idées de Calcul à cette Géometrie de l'Infini ; leurs Methodes de Sommer sont des germes de Calcul, & les premiers germes de cette espéce qui se soient développés.

Cavallieri cependant n'avoit pas pris la vraie route, il avoit des idées * qui réduites en Calcul réel auroient fructifié, mais il n'en put tirer que des choses déja connuës ; il considére la ligne comme une partie indivisible de la Surface, la Surface comme une partie indivisible du solide, & il cherche la mesure des Surfaces & des solides par des Sommes Infinies de lignes & de Surfaces ; les résultats de sa Méthode sont bons, sa Méthode est même générale, & cependant avec cet avantage il ne va pas au-delà des Anciens, il ne donne rien de nouveau, & lui-même paroît borner le mérite de son Ouvrage à l'accord parfait des conséquences de sa Méthode avec les vérités de la Géometrie ancienne.

Fermat s'éleva bien au-dessus de Cavallieri, il trouva moïen de calculer l'Infini, & donna une Méthode excellente pour la résolution *des plus grands & des moindres*; cette Méthode est la même à la nota-

* Geom. Indivisibil. Bonon. 1635.

tion près, que celle dont on se sert encore aujourd'hui; enfin cette Methode étoit le Calcul Différentiel si son auteur l'eût generalisée.

Mais Wallis prit un autre chemin, il appliqua réellement l'Arithmétique aux idées de l'Infini, il réduisit en suites infinies les fractions composées; il se servit même assez heureusement de ses suites Arithmétiques pour la Quadrature & la Rectification des Courbes; cependant il marchoit en tâtonnant, & faute d'un Calcul assez puissant & assez général il employoit les combinaisons, les affections particulieres & individuelles des Nombres, &c. Brownker & Mercator profiterent des vûës de Wallis, ils étendirent sa Méthode, & on peut dire qu'ils furent les premiers qui oserent s'avancer dans cette route & fraïer la bonne voie; Brownker quarra l'Hyperbole par une suite Infinie toute composée de Termes finis & connus, & Mercator en donna la démonstration par la division Infinie à la maniére de Wallis; Jacques Gregori donna presque aussi-tôt que Mercator une Démonstration de cette même Quadrature de l'Hyperbole, & c'est proprement là l'époque de la naissance des nouveaux Calculs; il est même étonnant que ces Géometres ne se soient pas élevés jusqu'à la Méthode générale des Suites après avoir trouvé la Suite particuliere de l'Hyperbole; il paroît qu'un moment de réfléxion auroit au moins dû leur donner par une même Méthode la Quadrature de l'Ellipse & du Cercle; cependant ils ne l'ont pas trouvée, & même on ne voit pas qu'ils ayent fait d'autre usage de cette theorie des Suites Infinies que celui de quarrer l'Hyperbole ; mais il est vrai que Newton ne leur en donna pas le tems : au mois de Juin 1669. toutes ces Méthodes furent envoyées à Barrow comme des nouveautés brillantes, il les communiqua à Newton pour qui elles n'eurent pas le même mérite ; car il remit entre les mains de Barrow des papiers qui contenoient 1°. la Methode générale des Suites qu'il avoit trouvée quelques années auparavant, Méthode par laquelle il fait sur toutes les Courbes ce que les Autres n'avoient fait que sur l'Hyperbole. 2°. La résolution Numérique & littérale des Equations affectées. 3°. La Méthode des Fluxions. 4°. La Méthode Inverse des Tangentes, la Quadrature, la Rectification des Courbes, & un mot sur la mesure des Solides, sur l'invention des Centres de gravité, &c. sçavoir *que comme ces Mesures se réduisent à celles des Surfaces, il n'est pas nécessaire qu'il avertisse que sa Méthode donne tout cela* ; ainsi dès 1669. Newton avoit trouvé les Suites Infinies, le Calcul Différentiel & le Calcul intégral ; tout cela fut envoyé par Barrow à Collins qui en tira copie & le communiqua à Brownker & à Oldembourg, celui-ci l'envoya à Slusius : de plus Collins l'avoit encore envoyé par Lettres à Jacques Gregori, à Bertet, à Borelli, à Vernon, à Strode, & à plusieurs autres Géometres ; ces Lettres sont imprimées dans le *Commercium Episto-*

licum, & c'eſt dans ces Lettres qu'on voit que Newton avoit trouvé toutes ces choſes, même avant que Brownker eût quarré l'Hyperbole, c'eſt-à-dire, dès l'année 1664. ou 1665. c'eſt dans ces Lettres que l'on voit auſſi que Newton vouloit faire imprimer dès l'année 1671. l'Ouvrage dont nous donnons ici la traduction.

De plus en 1672. Nevvton dans une Lettre écrite à Collins, lui envoïe un exemple de ſa Méthode des Tangentes, comme un Corollaire, dit-il, d'une Méthode générale, qu'aucune complication de Calcul n'arrête, & qui s'étend non-ſeulement aux Courbes Géometriques, mais même aux Courbes Mécaniques, & qui outre la ſolution complette de la queſtion des Tangentes, donne encore celle de pluſieurs Problêmes beaucoup plus difficiles comme des Courbures des Courbes, de leurs Aires, de leurs longueurs, de leurs Centres de gravité : *J'ai*, dit-il, *joint cette Méthode à une autre qui donne la réſolution des Equations par des ſuites Infinies*, *&c.* On voit bien que ces deux Méthodes ſont la Méthode directe & inverſe des Fluxions, & celle des Suites Infinies telles qu'elles ſont dans ce Traité fait en 1671. Tſchirnhaus au mois de Mai 1675. Leibnitz au mois de Juin 1676. & Sluſius dès le 29. Janvier 1673. avoient reçu des copies de cette Lettre ; c'étoit même à l'occaſion de la Méthode des Tangentes de Sluſius que Newton l'avoit écrite, il loüe beaucoup l'invention de Sluſius, qui en effet avoit trouvé ſa

Méthode avant que d'avoir vû celle de Newton, & il l'avoit envoïée le 17. Janvier 1673. à Oldembourg. Wallis, Mercator, Brownker, Gregori, Barrow, Slusius étoient alors les seuls qui eussent pénétré les mysteres des nouveaux Calculs; Leibnitz ne travailloit pas encore sur ces Matieres, car dans une de ses Lettres à Oldembourg du 3. Février 1672. il donne une Maniere de Sommer des Suites de Nombres, comme une invention qu'il estimoit, & cette invention étoit une Méthode que Mouton avoit autrefois donnée; & sur la remarque que Pell lui en fit faire, il dit qu'il va montrer qu'il n'est pas assez dénué de méditations qui lui soient propres, pour être obligé d'en emprunter; il répéte plusieurs fois qu'il va donner quelque chose qui empêchera qu'on ne le prenne pour un copiste, & cette grande chose est une propriété des Nombres figurés qu'il dit avoir trouvée le premier, & qu'il est étonné que Pascal n'ait pas observée; mais il se trompe, comme le remarque le *Com. Epist.* Car Pascal dans ce Traité appellé le Triangle Arithmétique imprimé à Paris en 1665. donne la prétenduë découverte de Leibnitz dès la 2de page dans la définition ante-pénultiéme; outre cette Lettre de Leibnitz qui roule toute sur des bagatelles d'Arithmétique, il y en a encore cinq autres dans le même goût, la premiere dattée de Londres le 20 Février, les autres de Paris, 30 Mars, 26 Avril, 24 Mai, & 8 Juin 1673. Jusques-là Leibnitz dit le *Commercium Epistolicum* ne se mêloit que d'Arithmétique, d'Arithmétique, mais l'année suivante il se tourna du côté de la Géometrie, & dans une Lettre qu'il écrivit à Oldembourg le 15. Juillet 1674. il dit qu'il a des choses d'une grande importance, & sur-tout un Theorême admirable par lequel l'Aire d'un Cercle ou d'un Secteur peut être exprimée exactement par une suite de Nombres rationels, il ajoute qu'il a des Méthodes Analytiques générales & fort étenduës, qu'il estime plus que les plus beaux Theorêmes particuliers ; dans un seconde Lettre à Oldembourg dattée du 26. Octobre même année, Leibnitz dit : *Vous sçavez, que Mylord Brownker & M. Mercator ont donné une suite Infinie de Nombres rationels égale à l'espace Hyperbolique ; mais personne n'a pû encore le faire dans le Cercle* ; le *Com. Epist.* remarque que quatre ans auparavant Collins avoit communiqué à tout le monde les suites Infinies de Newton, & un an après, celle de Gregori, & que Leibnitz ne donna les siennes qu'après avoir vû celles-là ; tout cela est prouvé plus au long dans le *Commercium Epistolicum*, où l'on voit clairement par les Lettres de Leibnitz & les réponses à ces Lettres, qu'il a eu connoissance de la théorie générale des Suites avant que d'avoir donné sa Suite pour le Cercle, & que Newton lui-même la lui avoit envoyée par la voie d'Oldembourg. Il paroît même que Leibnitz qui dans ce tems se disoit auteur de ce Theorême, n'en avoit pas la démonstration, puisqu'il la demande à Oldembourg par une

Lettre du 12. Mai 1676. Il paroît encore par une Lettre de Newton dattée du 13. Juin 1676. que dans ce tems il a communiqué directement à Leibnitz son Binome avec plusieurs exemples d'extractions de Racines, plusieurs Suites Infinies pour le Cercle, l'Ellipse, l'Hyperbole, la Quadratrice, &c. Et par une autre Lettre de Newton du 24. Octobre 1676. il paroît qu'il a communiqué à Leibnitz 1°. tout le procédé des Suites, & la façon dont il est arrivé à cette découverte. 2°. Une maniere de faire des Logarithmes par les Aires Hyperboliques. 3°. La Quadrature des Courbes en entier, avec plusieurs Exemples. 4°. Son Parallelogramme, autrement l'artifice dont il se sert pour la résolution des Equations affectées. 5°. Le retour des Suites. Jusque-là Leibnitz avoit toujours reçu & n'avoit rendu que les mêmes Suites qu'on lui avoit envoïées, il paroît même qu'il ignoroit jusqu'alors le Calcul infinitésimal par ce qu'il dit dans une Lettre du 27. Août 1676. que les Problêmes de la Méthode inverse des Tangentes, ne dépendent ni des Equations, ni des Quadratures. Enfin en 1677. dans une Lettre à Oldembourg, il donne une Méthode pour les Tangentes par le Calcul Différentiel; cette Méthode est la même que celle de Barrow publiée en 1670. & le Calcul est le même à la notation près que celui de Newton communiqué par Collins en 1669. Oldembourg mourut à la fin de l'année 1677. & sa mort termina ce commerce de Lettres. Collins mourut en 1682. & la même année Leibnitz publia dans les Actes de Leipsick la Quadrature du Cercle & de l'Hyperbole; & en 1684. les Elements du Calcul Différentiel; & enfin Newton en 1686. publia son Livre des Principes.

Voilà en racourci l'Histoire de ce Calcul; c'est au Lecteur à juger de la part à cette découverte qu'on doit accorder à Leibnitz.

Cependant Newton loin de se plaindre sembloit convenir que Leibnitz avoit trouvé une Méthode de Calcul semblable à la sienne, bien des années s'écoulerent sans qu'il se souciât de détromper le public, tout le Monde sçavant à l'exception de l'Angleterre, regardoit Leibnitz comme l'Inventeur; à peine le Livre des Principes de Newton étoit-il connu, toutes les vûës, tous les travaux des Géometres se tournerent du côté du Calcul Différentiel, tous les éloges furent pour l'Auteur prétendu de ce Calcul; enfin Leibnitz étoit en possession, & en possession non contestée de tout ce que la Géometrie avoit produit de plus brillant depuis vingt siécles; mais cet éclat de gloire n'a pas duré, des Partisans trop zelés & des Disciples éblouis, en voulant élever leur Maître, ont été cause de l'abaissement de sa réputation. En 1695. les Ouvrages de Wallis parurent en deux gros volumes, les Journalistes de Leipsick se plaignirent assez mal-à-propos de ce que ce Géometre n'avoit pas parlé de Leibnitz, & de sa grande découverte autant qu'il auroit dû le faire; sur cela Wallis écrivit à Leibnitz qu'il étoit bien fâché de n'avoir pû parler de lui, mais qu'il n'avoit aucune connoissance de ses découvertes, sinon de sa Suite du Cercle & de sa *Voute quarrable*; qu'il n'avoit jamais vû sa Géometrie des Incomparables, ou son Analyse des infinis, ni son Calcul Différentiel; que seulement il avoit oui dire que ce Calcul étoit tout-à-fait semblable à la Méthode des Fluxions; Leibnitz lui répondit que son Calcul étoit différent de celui de Newton, Wallis lui récrivit pour le prier de lui marquer la différence, mais Leibnitz ne répondit rien.

En 1699. M. Fatio de Duilliers publia une Dissertation sur la Ligne de la plus courte descente, &c. & en parlant du Calcul infinitesimal, il dit que Newton en est le premier, & de plusieurs années le premier Inventeur, que l'évidence de la chose l'oblige d'avouer ce fait, & qu'il laisse à ceux qui ont vû les Lettres & les Manuscrits de Newton à juger ce que Leibnitz le second Inventeur de ce Calcul a emprunté de Newton; à cela Leibnitz répondit dans les Actes de Leipsick qu'il n'avoit aucune connoissance des découvertes de Newton, lorsqu'il publia son Calcul Différentiel en 1684. cependant on a vû ci-dessus par l'extrait des Lettres de Collins & de Newton qu'il avoit eu copie de la Méthode des suites, de celle des Fluxions, & de tout ce que Newton avoit fait en ce genre; aussi les Journalistes de Leipsick refuserent d'imprimer la réponse de M. Fatio, qui sans doute contenoit la preuve de tous ces faits; mais ces mêmes Journalistes lorsque parurent les Traités de Newton ſur le Nombre des Courbes du ſecond genre & ſur les Quadratures, ces Journaliſtes, dis-je, firent des Extraits où ils rabaiſſerent autant qu'ils purent la gloire de Newton ; ils dirent à l'égard des Courbes du ſecond genre que Tſchirnhaus avoit été plus loin que Newton, & à l'égard des Quadratures ils publierent que Leibnitz étoit l'Inventeur du Calcul Différentiel, Calcul néceſſaire pour trouver les Quadratures; qu'au lieu des Différences de Leibnitz, Newton employoit & avoit toujours employé les Fluxions, comme Fabri avoit autrefois ſubſtitué à la Méthode de Cavallieri la progreſſion des Mouvements, &c. Keill piqué de cette injuſte comparaiſon & du peu de reſpect de ces Journaliſtes pour Newton, imprima en 1708. dans les Tranſactions Philoſophiques, une Lettre où il dit, qu'il eſt clair que Newton eſt le premier Inventeur de la Méthode des Fluxions, & cependant que Leibnitz après avoir changé le nom & la notation de cette Méthode des Fluxions de Newton, l'a publiée comme la ſienne dans les Actes de Leipſick. En 1711. Leibnitz ſe plaignit & cria à la calomnie contre Keill, il écrivit à M. Hans Sloane alors Sécretaire, & maintenant Préſident de la Société Royale, pour demander juſtice à cette Compagnie, exigeant en même tems un déſaveu de Keill & une reconnoiſſance qu'il n'avoit emprunté de perſonne ſon Calcul Différentiel : Keill ſe défendit par les preuves & par les Lettres dont nous venons de donner les extraits, & soutint que Leibnitz n'étoit que le second Inventeur, & que même il étoit très-vraisemblable, pour ne pas dire averé qu'il avoit pris de Newton les principes & le fond de son Calcul Différentiel, & qu'il ne lui en appartenoit en propre que la notation & le nom. Sur cela Leibnitz répondit que Keill étoit un homme trop nouveau pour sçavoir ce qui s'étoit passé auparavant, & continua de demander justice à la Société Royale; on nomma plusieurs Commissaires de toutes les Nations, on foüilla les Archives, les Lettres, les Papiers manuscrits; & les Commissaires firent leur rapport contre Leibnitz en faveur de Keill, ou plûtôt de Newton; la Société Royale fit imprimer ce rapport avec l'Extrait de toutes les piéces du Procès, sous le titre de *Commercium Epistolicum*, & ne voulant pas juger, s'est contentée de laisser juger le Public; c'est des piéces même du Procès d'où nous avons tiré la plus grande partie des faits que nous avons cité; Leibnitz se plaignit verballement à ses amis, cria beaucoup par Lettres, mais il n'écrivit rien contre ce qui venoit de se passer, rien du moins qu'on puisse citer; il ne parut qu'une Feüille volante, sans nom d'Auteur, dattée du 7. Juillet 1713. sous le titre de Jugement d'un Mathématicien du premier ordre, &c. Dans ce jugement on convient que Newton a le premier trouvé les Suites; mais on dit que dans ce tems où il a trouvé les Suites, il n'avoit pas encore même songé à son Calcul des Fluxions, parce que dans toutes ses Lettres citées dans le *Com. Epist.* non plus que dans son Livre des Principes, on ne voit pas le moindre vestige des lettres ponctuées $\dot{x}$, $\ddot{x}$, $\dddot{x}$, &c. dont il s'est servi ensuite, & qui ont paru pour la premiere fois dans le Livre de Wallis, c'est-à-dire, plusieurs années après le Calcul Différentiel de Leibnitz ; & que par conséquent le Calcul des Fluxions étoit postérieur au Calcul Différentiel. Ce jugement porte aussi que Newton n'avoit connu la Méthode des Secondes Différences que long-tems après les autres. Tout cela n'avoit pas besoin de réfutation & tomboit de soi-même ; cependant on répondit que la notation ne faisoit point la Méthode, que Newton pour marquer les Fluxions se servoit tantôt de lettres ponctuées $\dot{x}$, $\dot{y}$, $\dot{z}$, &c. tantôt de lettres majuscules X, Y, Z, &c. tantôt d'autres lettres p, q, r, &c. tantôt de lignes ; que Leibnitz au contraire n'avoit jamais désigné les Fluxions, & qu'il n'avoit point de caractére pour cela ; car les dx, dy, dz, &c. ne marquent que les Différences, c'est-à-dire, les Moments que Newton marque par $o\dot{x}$, $o\dot{y}$, $o\dot{z}$, &c. c'est-à-dire, par le Rectangle formé du Moment o, & de la Fluxion. que la Méthode des secondes, troisiémes & quatriémes Différences est donnée en général dans la premiere proposition du Traité des Quadratures communiqué à Leibnitz dès l'année 1675. que Wallis avoit appliqué cette régle à des exemples de secondes Différences en 1693. trois ans avant que Leibnitz eût publié la maniere de différentier les Différentielles, & qu'il étoit évident que Newton l'avoit trouvée dès 1666. dans le même tems qu'il a trouvé le Calcul des Suites & des Fluxions, &c.

Nous n'avons pris que les points principaux de cette petite Histoire de la découverte du Calcul infinitesimal, nous n'avons donné que le gros de la querelle entre Leibnitz & Newton; car il y eut des hostilités particulieres, des défits, des Problêmes proposés de la part de Leibnitz & de ses adherans; Newton sans s'émouvoir résolut les Problêmes & ne chercha point à se vanger; la seule chose qu'on pourroit lui reprocher, c'est d'avoir laissé retrancher de la derniere édition de son Livre des Principes fait à Londres en 1726. l'article qui concernoit Leibnitz, & il faut convenir que l'on a fort mal fait, même pour la gloire de l'Auteur, qui dans cet article donne des loüanges à Leibnitz; mais en même tems s'attribuë la premiere invention de ce Calcul, *J'ai autrefois*, dit-il, *communiqué par Lettres, au très-habile Géometre M. Leibnitz, ma Méthode; il m'a répondu qu'il avoit une Méthode semblable, & qui ne différe presque point du tout de la mienne, &c.* Pourquoi supprimer cet article? puisqu'on l'avoit laissé subsister dans la seconde édition en 1713. c'est-à-dire, dans le tems de la chaleur de la contestation. D'ailleurs qu'en pouvoit-on craindre, après l'impression du *Com. Epistol*? Nous observerons en passant

ſant que ce n'eſt pas la ſeule choſe qu'on ait changée mal-à-propos dans cette édition de 1726. à laquelle Newton n'a ſurvécu que quelques mois, & peut-être l'Editeur a eu plus de part que lui à ces changemens.

Tandis que Leibnitz cherchoit querelle à l'inventeur du Calcul, d'autres Géometres cherchoient querelle au Calcul même; Rolle, Ceva & quelques autres prétendirent qu'il étoit erroné, & ne voulurent pas le recevoir; d'autres comme Neuwentyt, ne voulurent admettre que les premieres Différences, & rejetterent les ſecondes, troiſiémes, &c. Tout cela venoit du peu de lumiere que Leibnitz avoit répandu ſur cette Matiére; il chancela lui-même à la vûë des difficultés qu'on lui fit, & il réduiſit ſes Infinis à des Incomparables, ce qui ruinoit l'exactitude de la Méthode: Mrs Bernoulli, de l'Hopital, Taylor & pluſieurs autres Géometres éclaircirent ces difficultés, défendirent le Calcul & le firent triompher à force de le préſenter.

On étoit tranquille depuis pluſieurs années, lorſque dans le ſein même de l'Angleterre il s'eſt élevé un Docteur ennemi de la Science qui a déclaré la Guerre aux Mathématiciens; ce Docteur monte en Chaire pour apprendre aux Fidéles que la Géometrie eſt contraire à la Religion; il leur dit d'être en garde contre les Géometres, ce ſont, ſelon lui, des gens aveugles & indociles qui ne ſçavent ni raiſonner ni croire; des viſionnaires qui ſe refuſent aux choses simples & qui donnent tête baissée dans les merveilles. Selon lui le Calcul de l'Infini est un mystere plus grand que tous les mysteres de la Religion, il les compare ensemble comme choses de même genre, & il nous dit en même-tems que le Calcul de l'Infini est erroné, fautif, obscur, que les principes n'en sont pas certains, & que ce n'est que par hazard quand il méne au but.

Voilà un plan d'Ouvrage bien bizarre, & un assortissement d'objets bien singulier; j'ai recherché en lisant attentivement son Livre, les motifs qui ont pû le pousser à faire cette insulte aux Mathématiciens, & j'ai reconnu que ce n'est pas le zele, mais la vanité qui a conduit sa plume; ce Docteur a l'esprit peu fait pour les Mathématiques; car il entasse Paralogismes sur Paralogismes lorsqu'il veut refuter les Méthodes des Géometres; mais avec cet esprit si peu Géometre il ne laisse pas que d'avoir quelques vûës Métaphysiques, & une Dialectique assez vive, il sent apparemment toute la valeur de ces talens, & il s'efforce de rendre méprisable tout ce qui n'est pas Métaphysique; je lui avouerai que la Métaphysique est la Philosophie premiere, qu'elle est la vraie science intellectuelle; mais il faut en même-tems qu'il m'accorde que c'est la science la plus trompeuse dans les applications qu'on en fait, & la plus difficile à suivre sans s'égarer; on peut dire que son Ouvrage est un exemple de cette vérité, puisqu'avec sa Métaphysique il commet des erreurs trèsgroſſiéres & fait des raiſonnemens très-faux ; je doute qu'il en convienne, mais au moins tout le monde conviendra pour lui en liſant ſes Ouvrages *, que ſa fauſſe Métaphyſique l'a conduit à une mauvaiſe Morale, & qu'à force de bien penſer de lui-même, il eſt venu à fort mal penſer des autres hommes.

Ce qui a donné de la célébrité à ces écrits contre les Mathématiques & les Mathématiciens, ſont les réponſes d'un Sçavant qui ſous le nom de Philalethes Cantabrigienſis a réfuté ** le Docteur de la maniere du monde la plus ſolide & la plus brillante, dans deux Diſſertations *** qui ſont admirables par la force de raiſon & la fineſſe de raillerie qu'on y trouve par tout ; je ne ſçais pas comment le Docteur penſe à préſent, car il y a dequoi humilier la plus orgueilleuſe Métaphyſique ; il n'a pas répondu à la derniere Diſſertation qui pulvériſoit ſon Ouvrage ; mais de ſes cendres il eſt ſorti un Phenix, un homme unique, un homme au-deſſus de Newton, ou du moins qui voudroit qu'on le crût tel, car il commence ¶ par le cenſurer & par déſaprouver ſa

* The Analyſt, London 1734. A Defence of free-thinking in Mathematicks. Lond. 1735.

** M. Colſon l'a auſſi refuté dans la Préface de la Méthode des Fluxions, Lond. 1736.

*** Geometry no freind to infidelity. Lond. 1734. The minute Mathematician, Lond. 1735.

¶ A Diſcourſe concerning Nat. and certainty of Fluxions by M. Robins. Lond. 1735.

maniere trop bréve de présenter les choses ; ensuite il donne des explications de sa façon, & ne craint pas de substituer ses notions incomplettes * aux Démonstrations de ce grand homme. Il avouë que la Géometrie de l'Infini est une science certaine, fondée sur des principes d'une vérité sûre, mais enveloppée, & qui *selon lui n'a jamais été bien connuë* ; Newton n'a pas bien lû les Anciens Géometres, son Lemme de la Méthode des Fluxions est obscur & mal exprimé, sa Démonstration est hypothetique ; ainsi on avoit très-grande raison de ne rien croire de tout cela ; ainsi M. Berckey, le Docteur n'avoit point tort lorsqu'il disoit que les Mathématiciens croyoient les choses sans les entendre, notre Auteur M. Robins est venu au monde exprès pour le démontrer, il fait voir que Newton n'a pas les idées nettes ni les expressions claires, & que toute la théorie des Fluxions avoit besoin d'un Commentateur qui fût capable non-seulement de corriger les fautes de la parole, mais de reformer les défauts de la pensée : malheureusement les Mathematiciens ont été plus incrédules que jamais, il n'y a pas eu moyen de leur faire croire un seul mot de tout cela, de sorte que Philalethes comme défenseur de la verité, s'est chargé de lui signifier qu'on n'en croyoit rien, qu'on entendoit fort bien Newton sans Robins, que les pensées & les expressions de ce grand Philoso-

* State of Learning, 1735. & 1736.

phes ſont juſtes & très-claires, & qu'elles n'ont beſoin pour être compriſes que d'être méditées & ſuivies; & chemin faiſant il fait voir que ce ſont les idées de M. Robins qui ſont obſcures, que ce ſont ſes phraſes qui ne ſignifient rien, & que ſon ſtyle n'eſt intelligible que lorſqu'il ſe loue & qu'il blâme les autres; car il eſt ſingulier, comme ce M. Robins traite les plus grands hommes, il ne craint pas de ſe deshonorer en diſant que M. Jurin eſt un ignorant auſſi bien que M. Smith, deux hommes dont le mérite ſupérieur eſt univerſellement reconnu; je me garderai bien de le juger lui-même auſſi ſévérement, ceux qui voudront le connoître n'ont qu'à parcourir ſes Ecrits, ce ſont des piéces d'une mauvaiſe critique, aſſez groſſiérement écrite, à laquelle il vient de mettre le comble, en attaquant ſans aucune conſidération M. Euler *, & en inſultant ** ſans aucune raiſon le Grand Bernoulli. Croit-il être le premier qui ait remarqué qu'il a échappé à M. Euler quelques négligences dans ſon grand Ouvrage ſur le Mouvement? ce ſont des petites fautes qu'on doit pardonner, en faveur du très-grand nombre de bonnes choſes dont ce Livre eſt rempli, qu'il nous donne quelque choſe qui vaille le Livre de M. Euler, après quoi nous oublirons ſes erreurs, & nous lui pardonnerons ſes odieuſes critiques.

* Remarcks on M. Euler's Treatiſe de Motu. Lond. 1738.
** That inelegant, *ibid.* Computiſt.

Nous n'ajouterons qu'un mot à cette Préface, déja trop longue, c'est que quiconque apprendra le Calcul de l'Infini dans ce Traité de Newton, qui en est la vraie source, aura des idées claires de la chose, & fera fort peu de cas de toutes les objections qu'on a faites, ou qu'on pourroit faire contre cette sublime Méthode.

E R R A T A.

Je n'ai pû donner à l'impression de ce Livre tous les soins nécessaires ; & il s'y est glissé plusieurs fautes que je prie le Lecteur de vouloir bien corriger.

PAge 2. ligne 16. Nominateur, *lisez* Numerateur.

P. 3. l. 4. $a + o$ *l.* $aa + o$.

P. 4. l. 6. x, x^0 *l.* x, $x^{\frac{1}{2}}$, x^0. *idem* l. 9. $aabx^{-1}$ *l.* $aabx^{-2}$.

P. 5. l. 22. $512a^{16}$ *l.* $512a^{20}$.

P. 12. l. 15. $q^3 - \frac{1}{15}ax^2$ *l.* $4a^2q - \frac{7}{15}ax^2$. *ibid.* égales, *l.* égalez.

P. 15. l. 24. $\frac{2}{z} - \frac{1}{1}$ *l.* $2z^{-\frac{2}{1}}$ *id.* l. 25. dès lors. *l.* dès lors. *id.* l. derniere. $+\frac{x}{4a^2}$ *l.* $+\frac{x^4}{4a^2}$.

P. 21. l. 21. expprimé. *l.* exprimé.

P. 22. l. 28. $\frac{z}{z}$ *l.* $\frac{\dot{z}}{x^n}$

P. 23. l. 21. z *l.* $\dot{z}$. *id.* l. 24. $\frac{by^3}{a+y}\, xx \sqrt{ay + xx}$. *l.* $\frac{by^3}{a+y} - xx\sqrt{ay + xx}$. *id.* l. 26. $- o$ *l.* $= o$.

P. 24. dans la Figure, faites un H au lieu de Π. *id.* l. 29. AD *l.* BD.

P. 29. l. 1. $+ xx - xy$ *l.* $+ \dot{x}x - \dot{x}y$.

P. 30. l. 34. $\ddot{x}y$ *l.* $\dot{x}\dot{y}$.

P. 31. l. 7. $-\frac{1}{x}$ *l.* $-\frac{1^1}{x}$. *id.* l. 19. $\frac{2c}{3abx^{\frac{1}{5}}}$ *l.* $\frac{3abx^{\frac{2}{1}}}{2c}$.

P. 35. l. 9. multipliés, *l.* multipliée.

P. 37. l. 15. $- 6x^3$ *l.* $- 2x^3$.

P. 41. l. 2. cette Equation, *l.* une Equation.

P. 44. l. 26. pour x *l.* pour $\dot{x}$.

P. 49. l. 25. $\dot{x} : \dot{y}$ *l.* $\dot{y} : \dot{x}$.

P. 52. l. 32. $\dot{x} \times \frac{CT}{BT}$ *l.* $\dot{x} \times \frac{Ct}{Bt}$.

P. 53. l. 7. soit AB *l.* soit AC. *id.* l. 18. CT & ET *l.* Ct & Et.

P. 54. dans la Figure marquez F & E qui sont brouillez, F doit être entre B & T.

P. 55. l. 14. au point un *l.* au point D un. *id.* dans la Figure, marquez la lettre G & la lettre *d*.

P. 60. l. 12. Cd. *l.* cD. *id.* l. 19. AD. *l.* Ac.

P. 61. dans la Figure, achevez le petit *k* qui est au-dessus au bout de la petite ligne ponctuée. *id.* l. 32. *yy* *l.* *by*.

P. 62. l. 13. BT *l.* Bt. *id.* l. 22. AD *l.* BD.

P. 63. l. 12. Lignees *l.* Lignes.

P. 64. dans la Figure, au lieu de λ mettez δ. *id.* l. 31. D*h* *l.* *dh*. *id.* l. 38. point C. *l.* point D.

P. 65. l. 8. se rencontrent plus loin *l.* se rencontrent plûtôt en H, & celles qui sont sur le côté moins courbe D*d* se rencontrent plus loin.

P. 66. l. 10. égal à z *l.* égal à $\dot{z}$.

P. 68. l. 3. $- x^2$ *l.* $- xy^2$.

P. 69. l. 6. d'où $-\frac{2b^2cz}{y^3}$ *l.* $-\frac{2b^2c^2z}{y^3}$.

P. 73. l. 14. soit BC. *l.* soit BK.

P. 74. l. 14. $\frac{y + yzz}{1 + zz - z}$ *l.* $\frac{y + yzz}{1 + zz - z}$.

P. 76. l. 22. AQ *l.* Aβ.

P. 79. l. 2. $\frac{a^2x}{6xx}$ *l.* $\frac{a^2\dot{x}}{6xx}$. *id.* dans la Figure mettez D au lieu de ⊃.

P. 81. l. 2. quantité *l.* qualité. *id.* l. 15. l'Arc AK *l.* l'Arc BK.

P. 82. dans la Figure, prolongez un peu la ligne DC. *id.* l. 18. $x = 1$ *l.* $\dot{x} = 1$.

P. 84. l. 4. $t = \sqrt{\frac{1}{2}}$ *l.* $t = \sqrt{\frac{1}{t}}$.

P. 87. l. 9. $2zz$ *l.* $2\dot{z}z$. *id.* exterminé z. *l.* exterminé $\dot{z}$. *id.* l. 11. $\frac{3uu^2}{b} = z$ *l.* $\frac{3\dot{u}u^2}{b} = \dot{z}$. *id.* l. 15. $+ \frac{2}{3}z$ *l.* $+ \frac{2}{3}z$.

P. 88. l. 11. $= y$, l'Aire AGEC *l.* $= y$, l'Aire AFDB $= s$, l'Aire AGEC.

P. 89. l. 22. $+ \frac{zz}{aa}$ *l.* $+ \frac{2zz}{aa}$.

P. 90. l. 6. $4ssz$ *l.* $4s\dot{s}z$.

P. 92. l. 6. $\frac{1}{2}$ *l.* $\frac{1}{2}a$.

P. 96. l. 4. $\frac{\sqrt{1 + axx}}{1 - bxx}$ donne *l.* $\frac{\sqrt{1 + axx}}{1 - bxx} = \dot{z}$ donne.

P. 97. l. 27. *lisez* ainsi $aX - \frac{a^3}{X}$. *id.* l. 29. ou en le supposant infini *l.* ou en supposant X infini.

P. 98. dans la Figure, marquez le petit *d* au-dessus de la ligne ponctuée G*b*.

P. 101. l. 20. 7964 *l.* 7971.

P. 103. l. 18. 4000080 *l.* 4000000.

P. 109. dans la Figure au lieu de x qui est entre les lettres C & c écrivez s.

P. 114. l. 21. par $-\frac{1}{2}$ *l.* par $-\frac{1}{2}-\frac{3}{4}-\frac{7}{6}-\frac{9}{8}-\frac{11}{10}$ ou dans le 4e Ordre en multipliant par $-\frac{1}{2}$ *id.* l. derniere $+\frac{de^2}{f^3}z^n$ *lis.* $+\frac{de^2}{nf^3}z^n$.

P. 122. l. 37. Conique b, *l.* Conique; b.

P. 123. l. 19. détermine *l.* termine.

P. 126. l. 6. d'égalité *l.* d'inégalité.

P. 128. l. 4. ou a *l.* on a.

P. 129. l. 2. $-\,^{1}x^{\frac{1}{2}}$ *l.* $-\frac{1}{3}x^{\frac{1}{2}}$.

P. 130. l. 2. $\frac{1}{273}x^{\frac{1}{2}}$ *l.* $\frac{1}{173}x^{\frac{7}{2}}$ *id.* l. 12 $\frac{z}{q}$ *l.* $\frac{z}{b}$. *id.* l. 16. l'Aire ci-dessus devient u^3 *l.* vous aurez u^3.

P. 133. l. 19. GK. *l.* GC. *ibid.* $a+4x$ *lisez* $\frac{a+4x}{a}$. *id.* l. 22. AL $-\,^{2}a$ *l.* AL $-\frac{1}{2}a$.

P. 135. l. 31. donc $2a$ *l.* donc $\frac{1}{2}a$.

P. 136. l. 15. $-y^2x$ *l.* $-y^2\dot{x}$.

P. 137. l. 22. Rs *l.* RS. *id.* l. 25. Rsr *l.* RSr.

P. 138. l. 22. $=4ay$ *l.* $=4a\dot{y}$.

P. 144. l. 21. $=\,^{1}$AV *l.* $=\frac{1}{3}$ AV. *id.* dans la Figure au lieu de X écrivez K.

P. 145. l. 11. quarrée est *l.* quarrée.

P. 146. l. 4. βp *l.* $\beta\delta$. *id.* l. 24. Racine $4bz$ *lis.* Racine $\frac{1}{4bz}$.

LA METHODE DES FLUXIONS.

I. 'AI obſervé que les Géometres modernes ont la pluſpart négligé la Syntheſe des anciens, & qu'ils ſe ſont appliqués principalement à cultiver l'Analyſe ; cette Methode les a mis en état de ſurmonter tant d'obſtacles, qu'ils ont épuiſé toutes les Spéculations de la Géometrie, à l'exception de la Quadrature des Courbes & de quelques autres matieres ſemblables, qui ne ſont point encore diſcutées ; cela joint à l'envie de faire plaiſir aux jeunes Géometres, m'a engagé à compoſer le Traité ſuivant, dans lequel j'ai tâché de reculer encore les limites de l'Analyſe, & de perfectionner la ſcience des Lignes Courbes.

II. La grande conformité qui ſe trouve dans les Opérations litterales de l'Algebre, & dans les Opérations numeriques de l'Arithmetique ; cette reſſemblance ou analogie, qui ſeroit parfaite, ſi les Caracteres n'étoient pas differens, les premiers étant généraux & indéfinis, & les autres particuliers & définis, devoit naturellement nous conduire à en faire uſage ; & je ne puis qu'être étonné de ce que personne, à moins que vous ne vouliez excepter M. *Mercator*, *de Quadratura Hyperbolæ*, n'a songé à appliquer à l'Algebre la doctrine des Fractions Decimales, puisque cette application ouvre la route pour arriver à des découvertes plus importantes & plus difficiles. Mais, puisqu'en effet cette doctrine reduite en especes doit avoir avec l'Algebre la même relation que la doctrine des Nombres Decimaux se trouve avoir avec l'Arithmetique ordinaire, il suffit de sçavoir l'Arithmetique & l'Algebre, & d'observer la correspondance qui doit être entre les Fractions Decimales & les Termes Algebriques continués à l'infini, pour faire les Opérations de l'Addition, Soustraction, Multiplication, Division & Extraction de Racines dans cette nouvelle façon de calcul. Car comme dans les Nombres les places à droite diminuent en raison Decimale, ou Soudecuple, il en est respectivement de même dans les especes, lorsque les Termes sont disposés en Progression uniforme continuée à l'infini, suivant l'ordre des dimensions d'un Nominateur ou Dénominateur quelconque; & comme les Fractions Decimales ont l'avantage de transformer en quelque façon toutes les Fractions ordinaires & tous les Radicaux en Nombres entiers, de sorte que, lorsque ces Fractions & ces Nombres sourds sont reduits en Decimales, ils peuvent être traités comme des Nombres entiers; de même les suites infinies ont l'avantage de reduire à la classe des Quantités simples toutes les especes de Termes compliqués, tels que les Fractions dont les Dénominateurs sont des Quantités complexes, les Racines des Quantités composées ou des Equations affectées, & d'autres semblables; c'est-à-dire qu'elles donnent la commodité de pouvoir les exprimer par une suite infinie de Fractions, dont les Numerateurs & les Dénominateurs sont des Termes simples, ce qui applanit des difficultés, qui sous la forme ordinaire, auroient paru insurmontables. Je vais donc commencer par faire voir comment ces Reductions doivent se faire, ou ce qui est la même chose, comment une Quantité composée quelconque peut être reduite à des Termes simples, dans les cas sur-tout où la Methode de calculer ne se présente pas d'abord; j'appliquerai ensuite cette Analyse à la solution des Problêmes.

III. La Reduction par la Division & par l'Extraction des Racines se concevra clairement par les exemples suivans, en comparant les façons d'opérer en Nombres & en Especes.

Exemples de Reduction par la Division.

IV. La Fraction $\frac{aa}{b+x}$ étant proposée, Divises aa par $b+x$ de la maniere qui suit.

$$b+x)\,aa+0\,\left(\frac{aa}{b}-\frac{aax}{b^2}+\frac{aax^2}{b^3}-\frac{aax^3}{b^4}+\frac{aax^4}{b^5}\right., \&c.$$

$$aa+\frac{aax}{b}$$

$$0-\frac{aax}{b}+0$$

$$-\frac{aax}{b}-\frac{aax^2}{b^2}$$

$$0+\frac{a^2x^2}{b^2}+0$$

$$+\frac{a^2x^2}{b^2}+\frac{a^2x^3}{b^3}$$

$$0-\frac{a^2x^3}{b^3}+0$$

$$-\frac{a^2x^3}{b^3}-\frac{a^2x^4}{b^4}$$

$$0+\frac{a^2x^4}{b^4}, \&c.$$

Le Quotient est donc $\frac{aa}{b}-\frac{a^2x}{b^2}+\frac{a^2x^2}{b^3}-\frac{a^2x^3}{b^4}+\frac{a^2x^4}{b^5}$, &c. laquelle suite étant continuée à l'infini $=\frac{aa}{b+x}$. ou si l'on fait x le premier Terme du Diviseur de cette façon, $x+b\,(aa+0$, alors le Quotient sera $\frac{aa}{x}-\frac{aab}{x^2}+\frac{aab^2}{x^3}-\frac{aab^3}{x^4}$, &c. ce que l'on trouvera par la même maniere que ci-dessus.

V. De même la Fraction $\frac{1}{1+xx}$, se reduira à $1-x^2+x^4-x^6+x^8$, &c. ou bien à $x^{-2}-x^{-4}+x^{-6}-x^{-8}$, &c.

VI. Et la Fraction $\frac{2x^{\frac{1}{2}}-x^{\frac{3}{2}}}{1+x^{\frac{1}{2}}-3x}$, se reduira à $2x^{\frac{1}{2}}-2x+7x^{\frac{3}{2}}-13x^2+34x^{\frac{5}{2}}$, &c.

VII. Il convient ici d'obſerver que je me ſers de x^{-1}, x^{-2}, x^{-3}, x^{-4}, &c. au lieu de $\frac{1}{x}$, $\frac{1}{x^2}$, $\frac{1}{x^3}$, $\frac{1}{x^4}$, &c. de $x^{\frac{1}{2}}$, $x^{\frac{3}{2}}$, $x^{\frac{5}{2}}$, $x^{\frac{1}{3}}$, $x^{\frac{2}{3}}$, &c. au lieu de $\sqrt{x}$, $\sqrt{x^3}$, $\sqrt{x^5}$, $\sqrt[3]{x}$, $\sqrt[3]{x^2}$, & de $x^{-\frac{1}{2}}$, $x^{-\frac{2}{3}}$, $x^{-\frac{1}{4}}$, &c. au lieu de $\frac{1}{\sqrt{x}}$, $\frac{1}{\sqrt[3]{x^2}}$, $\frac{1}{\sqrt[4]{x}}$, &c. Et cela par regle d'Analogie, comme on peut le concevoir par des Progreſſions Géometriques ſemblables à celles-ci, x^3, $x^{\frac{5}{2}}$, x^2, $x^{\frac{3}{2}}$, x, x^0 ou 1, $x^{-\frac{1}{2}}$, x^{-1}, $x^{-\frac{3}{2}}$, x^{-2}, &c.

VIII. Ainſi au lieu de $\frac{aa}{x} - \frac{aab}{x^2} + \frac{aab^2}{x^3}$, &c. on peut écrire $aax^{-1} - aabx^{-2} + aab^2x^{-3}$, &c.

IX. Et au lieu de $\sqrt{aa-xx}$, on peut écrire $\overline{aa-xx}|^{\frac{1}{2}}$, & $\overline{aa-xx}|^2$, au lieu du Quarré de $aa-xx$, & $\overline{\frac{abb-y^3}{by+yy}}\Big|^{\frac{1}{3}}$ au lieu de $\sqrt[3]{\frac{ab^2-y^3}{by+yy}}$, & ainſi des autres.

X. Ainſi il convient aſſez de diſtinguer les Puiſſances en Affirmatives, Négatives; Entieres & Rompuës.

Exemples de Reduction par l'Extraction des Racines.

XI. La quantité $aa+xx$ étant proposée, vous pouvez en extraire la Racine quarrée, comme vous le voyez ici.

$$aa+xx\ (a+\frac{xx}{2a}-\frac{x^4}{8a^3}+\frac{x^6}{16a^5}-\frac{5x^8}{128a^7}+\frac{7x^{10}}{256a^9}-\frac{21x^{12}}{1024a^{11}}, \&c.$$

$$aa$$

$$0+xx$$

$$+xx+\frac{x^4}{4a^2}$$

$$-\frac{x^4}{4a^2}$$

$$-\frac{x^4}{4a^2}-\frac{x^6}{8a^4}+\frac{x^8}{64a^6}$$

$$+\frac{x^6}{8a^4}-\frac{x^8}{64a^6}$$

$$+\frac{x^6}{8a^4}+\frac{x^8}{16a^6}-\frac{x^{10}}{64a^8}+\frac{x^{12}}{256a^{10}}$$

$$-\frac{5x^8}{64a^6}+\frac{x^{10}}{64a^8}-\frac{x^{12}}{256a^{10}}, \&c.$$

$$-\frac{5x^8}{64a^6}-\frac{5x^{10}}{128a^8}+\frac{5x^{12}}{512a^{10}}$$

$$+\frac{7x^{10}}{128a^8}-\frac{7x^{12}}{512a^{10}}, \&c.$$

$$+\frac{7x^{10}}{128a^8}+\frac{7x^{12}}{256a^{10}}$$

$$-\frac{21x^{12}}{512a^{10}}, \&c.$$

La Racine se trouve donc être $a+\frac{x^2}{2a}-\frac{x^4}{8a^3}+\frac{x^6}{16a^5}$, &c.

On peut observer que vers la fin de l'Opération je néglige tous les Termes dont les Dimensions surpassent les Dimensions du dernier Terme, c'est-à-dire du Terme auquel je veux finir ma suite, par Exemple, $\frac{x^{12}}{a^{11}}$.

XII. En changeant l'ordre des Termes, c'eſt-à-dire en écrivant $xx + aa$, la Racine ſera $x + \frac{aa}{2x} - \frac{a^4}{8x^3} + \frac{a^6}{16x^5} - \frac{5a^8}{128x^7}$, &c.

XIII. Ainſi la Racine de $aa - xx$ eſt $a - \frac{xx}{aa} - \frac{x^4}{8a^3} - \frac{x^6}{16a^5}$, &c.

XIV. La Racine de $x - xx$ eſt $x^{\frac{1}{2}} - \frac{1}{2}x^{\frac{3}{2}} - \frac{1}{8}x^{\frac{5}{2}} - \frac{1}{16}x^{\frac{7}{2}}$, &c.

XV. Celle de $aa + bx - xx$ eſt $a + \frac{bx}{2a} - \frac{xx}{2a} - \frac{b^2x^2}{8a^3}$, &c.

XVI. Et $\sqrt{\frac{1 + axx}{1 - bxx}}$ eſt $\frac{1 + \frac{1}{2}ax^2 - \frac{1}{8}a^2x^4 + \frac{1}{16}a^3x^6, \text{\&c.}}{1 - \frac{1}{2}bx^2 - \frac{1}{8}b^2x^4 - \frac{1}{16}b^3x^6, \text{\&c.}}$ & en diviſant actuellement, on aura

$$\begin{array}{llll} 1 + \frac{1}{2}bx^2 & + \frac{3}{8}\ b^2 & x^4 + \frac{5}{16}\ b^3 & x^6, \text{\&c.} \\ + \frac{1}{2}a & + \frac{1}{4}\ ab & + \frac{1}{16}\ ab^2 & \\ & - \frac{1}{8}\ a^2 & - \frac{1}{16}\ a^2b & \\ & & + \frac{1}{16}\ a^3 & \end{array}$$

XVII. Mais ces Opérations peuvent être abregées par une préparation convenable. Dans l'Exemple précedent $\sqrt{\frac{1 + axx}{1 - bxx}}$, ſi la Forme du Numerateur & du Dénominateur n'avoit pas été la même, j'aurois pû les multiplier tous deux par $\sqrt{1 - bxx}$, ce qui auroit produit $\frac{\sqrt{1 + ax^2 - abx^4 \atop - b}}{1 - bxx}$, auquel cas il ne reſte plus qu'à extraire la Racine du Numerateur ſeulement, & la diviſer par le Dénominateur.

XVIII. Je m'imagine qu'en voilà aſſez pour faire connoître comment on peut extraire les autres Racines, quelque compliquées qu'elles ſoient, comme

$$x^3 + \frac{\sqrt{x - \sqrt{1 - xx}}}{\sqrt[3]{axx + x^3}} - \frac{\sqrt[5]{x^3 + 2x^5 - x^{\frac{5}{3}}}}{\sqrt[3]{x + xx - \sqrt{2x - x^{\frac{2}{3}}}}}\Bigg)$$

& les reduire à une ſuite infinie de Termes Simples.

De la Reduction des Equations Affectées.

XIX. Il faut que nous entrions dans un détail un peu plus grand, pour expliquer comment on doit reduire les Racines de ces Equations à des ſuites infiniés; car ce que les Géometres nous ont donné fur les Equations en Nombres, eſt extrêmement embaraſſé, & chargé d'Opérations ſuperfluës; de ſorte qu'on ne peut prendre ſur cela un bon Modele pour faire les mêmes Opérations en Eſpeces. Je ferai donc voir d'abord comment ſe doit faire en Nombres la Reduction des Equations Affectées, & enſuite j'appliquerai la Methode aux Eſpeces.

XX. Soit l'Equation $y^3 - 2y - 5 = 0$ à reduire en ſuite infinie, prenez un Nombre comme 2, qui ne differe pas d'une de ſes dixiemes Parties de la vraie valeur de la Racine, & faites $2 + p = y$, ſubſtituez $2 + p$ pour y dans l'Equation donnée, & vous aurez $p^3 + 6p^2 + 10p - 1 = 0$, dont il faut chercher la Racine pour l'ajoûter au Quotient; rejettez $p^3 + 6p^2$ à cauſe de ſa petiteſſe, il reſtera $10p - 1 = 0$, ou $p = 0{,}1$, ce qui eſt très-près de la vraie valeur de p; c'eſt pourquoi l'écrivant au Quotient, je fais $0{,}1 + q = p$, & ſubſtituant comme auparavant, j'ai $q^3 + 6{,}3q^2 + 11{,}23q + 0{,}061 = 0$, négligeant les deux premiers Termes, il reſte $11{,}23q + 0{,}061 = 0$, ou $q = -0{,}0054$ à peu près (& cela en diviſant 0,061 par 11,23 juſqu'à ce qu'on ait autant de Figures qu'il y a de places entre les premieres Figures de ce Quotient & le principal Quotient excluſivement, comme ici où il a deux places entre 2 & 0,005) J'écris donc $-0{,}0054$ dans le Quotient, mais au-deſſous parce que ce Terme eſt Négatif; & ſuppoſant $-0{,}0054 + r = q$, je ſubſtitue comme auparavant, & je continue ainſi l'Opération auſſi long-tems qu'il convient, comme on le peut voir ci-deſſous.

$y^3 - 2y - 5 = 0$	$+2{,}10000000$ $-0{,}00544852$ $+2{,}09455148$, &c. $= y$
$2 + p = y$ $+y^3$ $-2y$ -5	$+8 + 12p + 6p^2 + p^3$ $-4 - 2p$ -5
SOMME.	$-1 + 10p + 6p^2 + p^3$
$0{,}1 + q = p$ $+p^3$ $+6p^2$ $+10p$ -1	$+0{,}001 + 0{,}03q + 0{,}3q^2 + q^3$ $+0{,}06 + 1{,}2 + 6$ $+1, + 10,$ $-1,$
SOMME.	$+0{,}061 + 11{,}23q + 6{,}3q^2 + q^3$
$-0{,}0054 + r = q.$ $+q^3$ $+6{,}3q^2$ $+11{,}23q$ $+0{,}061$	$-0{,}000000157464 + 0{,}00087748r - 0{,}0162r^2 + r^3$ $+0{,}000183708 - 0{,}06804 + 6{,}3$ $-0{,}060642 + 11{,}23$ $+0{,}061$
SOMME.	$+0{,}0005416 + 11{,}162r$
$-0{,}00004852 + s = r$	

XXI. On peut abreger le Calcul vers la fin de l'Opération, & cela principalement dans les Equations qui ont plusieurs Dimensions; vous déterminerez d'abord jusqu'où vous voulez pousser votre Extraction, c'est-à-dire combien vous voulez que le Quotient contienne de Chiffres; ensuite vous compterez autant de Chiffres moins un après la premiere Figure du Coefficient du dernier Terme des Equations, qu'il reste de Places à remplir dans le Quotient, & vous rejetterez les Decimales qui suivent; dans le dernier Terme il faudra négliger les Decimales qui seront au-delà du nombre des Figures du Quotient; dans le Terme antepénultiéme toutes celles qui seront en-deçà de ce même nombre de Figures, en procedant ainsi Arithmetiquement, suivant l'intervalle des Chiffres; ou bien, ce qui est la même chose, vous couperez par-tout autant de Figures que dans le terme pénultiéme; de sorte que leurs Places les plus éloignées soient en progression Arithmétique, selon la suite des Termes, ou soient supposées remplies de Chiffres, lorsque cela arrive autrement. Ainsi dans l'exemple ci-dessus, si je ne veux pas pousser mon Extraction, ou continuer mon Quotient plus loin que la huitiéme Figure des Decimales; lorsque j'aurai substitué $0{,}0054 + r$ pour q, il y aura dans le Quotient quatre Places de Decimales remplies, & autant qui demeureront à remplir; je puis donc négliger les Figures dans les cinq places les plus éloignées, & c'est pour cela que je les ai croisées de petites lignes; & à la vérité j'aurois pû négliger aussi le premier Terme r^3 quoique son Coefficient soit 0,99999, &c. Ainsi en ne tenant plus compte de ces Figures, l'on aura dans l'Opération ci-dessus $0{,}0005416 + 11{,}162\,r$ pour la somme, ce qui par la Division continuée aussi loin que le terme prescrit, donne pour la valeur de r, $-\,0{,}00004852$, ce qui remplit le Quotient jusqu'au Terme prescrit; il ne reste qu'à soustraire le Négatif du Quotient de l'Affirmatif, & l'on aura 2,09455148 pour la Racine de l'Equation proposée.

XXII. On peut aussi remarquer que si l'on soupçonnoit au commencement de l'Opération que $0{,}1 = p$ ne donnât pas une assez grande approximation de la vraie valeur de la Racine, il faudroit au lieu de $10p - 1 = 0$ faire $6p^2 + 10p - 1 = 0$, & écrire dans le Quotient la premiere Figure de la Racine de cette Equation; il convient donc de trouver ainsi la deuxiéme & même la troisiéme Figure du Quotient, lorsque dans les Equations secondaires le Quarré du Coefficient du Terme pénultiéme n'est pas dix fois plus grand que le produit du dernier Terme multiplié par le Coefficient de l'antepénultiéme. On s'épargnera souvent bien du travail, sur-tout dans les Equations de plusieurs

plusieurs Dimensions, si l'on cherche avec cette exactitude les Figures qu'il faut ajoûter au Quotient, c'est-à-dire si l'on extrait ainsi la plus petite Racine des trois derniers Termes des Equations; car cela donnera à chaque Opération autant de Figures au Quotient.

XXIII. Cette maniere de reduire les Equations numeriques va nous conduire à celles des Equations litterales; mais il faut observer.

XXIV. 1°. Que l'un des Coefficiens litteraux, supposé qu'il y en ait plus d'un, doit être distingué des autres, lequel Coefficient est ou peut être supposé de beaucoup le plus grand, ou le plus petit de tous, ou bien le plus approchant d'une quantité donnée; & cela parce que ses Dimensions augmentant continuellement dans les Numerateurs ou dans les Dénominateurs des Termes du Quotient, ces Termes doivent devenir toujours moindres, & par conséquent le Quotient doit toujours approcher de la vraie valeur de la Racine, comme on peut le voir dans les Exemples de Reduction par la Division & l'Extraction de Racine de la Lettre x; je m'en servirai dans la suite aussi-bien que de la Lettre z pour marquer les Racines dont on cherche la valeur, & je me servirai de y, p, q, r, s, &c. pour exprimer les Radicaux qu'il faut extraire.

XXV. 2°. Lorsque l'Equation contient des Fractions complexes, ou des Quantités irrationelles, ou lorsqu'il s'en trouve après l'Opération, il faut pour plus de facilité s'en débarasser par les Methodes que les Analystes nous ont données pour cela. Comme si l'Equation proposée étoit $y^3 + \frac{bb}{b-x}y^2 - x^3 = 0$, il faudroit multiplier par $b-x$, & tirer la Racine y du Produit $by^3 - xy^3 + bby^2 - bx^3 + x^4 = 0$; ou bien on peut supposer $y(b-x) = u$, car en écrivant $\frac{v}{b-x}$ au lieu de y on aura $v^3 + b^2v^2 - b^3x^3 + 3b^2x^4 - 3bx^5 + x^6 = 0$, dont, après avoir tiré la Racine v, il faudra diviser le Quotient par $b-x$ pour avoir la valeur de y. De même si l'Equation proposée étoit $y^3 - xy^{\frac{1}{2}} + x^{\frac{4}{3}} = 0$, on pourroit faire $y^{\frac{1}{2}} = v$ & $x^{\frac{1}{3}} = z$, ce qui donneroit $v^6 - z^3v + z^4 = 0$, dont, après avoir extrait la Racine, on tireroit par la Substitution les valeurs de x & y, car on trouvera la Racine $v = z + z^3 + 6z^5$, &c. & substituant, on auroit $y^{\frac{1}{2}} = x^{\frac{1}{3}} + x + 6x^{\frac{5}{3}}$, &c. ou $y = x^{\frac{2}{3}} + 2x^{\frac{4}{3}} + 13x^2$, &c.

XXVI. Et de même s'il se trouve des Dimensions Négatives de x & y, on les fera disparoître en multipliant par x & y; comme si l'Equation proposée étoit $x^3 + 3x^2y^{-1} - 2x^{-1} - 16y^{-3} = 0$, en multipliant par x & y^3, on aura $x^4y^3 + 3x^3y^2 - 2y^3 - 16x = 0$. Et si l'Equation étoit $x = \frac{aa}{y} - \frac{2a^3}{y^2} + \frac{3a^4}{y^3}$, en multipliant par y^3 on aura $xy^3 = a^2y^2 - 2a^3y + 3a^4$, & ainſi des autres.

XXVII. 3°. Après que l'Equation ſera ainſi préparée, il faut commencer l'Opération par trouver le premier Terme du Quotient. Nous allons donner une regle génerale pour cela, auſſi-bien que pour trouver les Termes ſuivans, lorſque l'Eſpece x ou z eſt ſuppoſée petite, ce qui ſervira pour les deux autres cas qui ſont reductibles à celui-ci.

XXVIII. De tous les Termes dans leſquels l'Eſpece Radicale y ou p, q, r, &c. ne ſe trouve pas, prenez celui qui eſt le plus bas eu égard aux Dimenſions de l'Eſpece indéfinie x ou z; puis entre les Termes dans leſquels cette Eſpece Radicale y, ſe trouve, choiſiſſez-en un, tel que la Progreſſion des Dimenſions de chacune de ces Eſpeces depuis le Terme que vous aurez pris d'abord, juſqu'à celui-ci, deſcende le plus, ou monte le moins qu'il ſe pourra; & ſi l'Equation contient quelques autres termes, dont les Dimenſions tombent dans cette Progreſſion continuée à volonté, il faudra les joindre aux deux autres, & égaler leur ſomme totale à zero, ce qui donnera la valeur de l'Eſpece Radicale qu'il faudra écrire dans le Quotient.

XXIX. La Figure ſuivante facilitera l'uſage, & donnera une idée plus claire de cette regle. Diviſez l'Eſpace Angulaire ABC en petits Quarrés ou Paralellogrammes égaux, dans leſquels vous inſcrirez x & y ſelon leurs Dimenſions, comme vous le voyez. Quand on vous propoſera une Equation, marquez tous les Paralellogrammes qui correſpondent par leurs Dimenſions à tous les Termes de l'Equation; puis appliquez une Regle à l'Angle du Paralellogramme le plus bas à main gauche de tous les Paralellogrammes marqués, faites tourner cette Regle juſqu'à ce qu'elle touche un ou plus d'un Paralellogramme marqué à main droite, ſans qu'elle quitte celui qui eſt à main gauche; prenez ces termes que la Regle touche, & en les égalant à zero, tirez-en la quantité qu'il faut écrire au Quotient.

B					
	x^4	x^4y	x^4y^2	x^4y^3	x^4y^4
	x^3	x^3y	x^3y^2	x^3y^3	x^3y^4
	x^2	x^2y	x^2y^2	x^2y^3	x^2y^4
	x	xy	xy^2	xy^3	xy^4
A	1	y	y^2	y^3	y^4
					C

XXX. Par exemple pour tirer la Racine y de l'Equation $y^6 - 5xy^5 + \frac{x^3}{a}y^4 - 7a^2x^2y^2 + 6a^3x^3 + b^2x^4 = 0$, je marque les Paralellogrammes auſquels les termes de cette Equation appartiennent de la Note *, puis j'applique la Regle DE au plus bas Paralellogramme marqué à main gauche, & je la fais tourner à main droite, jusqu'à ce qu'elle touche un ou plus d'un autre Paralellogramme marqué; je vois que ceux qu'elle touche appartiennent à x^3, x^2y^2 & y^6 je prens donc dans l'Equation les Termes de ces Dimensions, sçavoir $y^6 - 7a^2x^2y^2 + 6a^3x^3$, & je les égale à zero; & pour avoir une Equation plus simple, je fais $y = v\sqrt{ax}$ ce qui en substituant me donne $v^6 - 7v^2 + 6 = 0$, dont les Racines $\pm\sqrt{ax}$ & $\pm\sqrt{2ax}$ me donnent chacune à mon choix le premier Terme du Quotient, & cela selon la Racine de cette Equation que j'ai dessein de tirer.

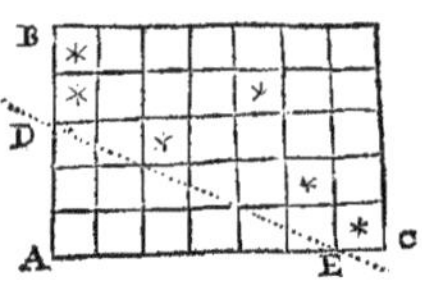

XXXI. Si l'Equation proposée étoit $y^5 - by^2 + 9bx^2 - x^3 = 0$, je choisirois $- by^2 + 9bx^2$, dont je tirerai $+ 3x$ pour le premier Terme du Quotient.

XXXII. Dans l'Equation $y^3 + axy + aay - x^3 - 2a^3 = 0$, je choisis $y^3 + a^2y - 2a^3$, & j'écris au Quotient sa Racine $+ a$.

XXXIII. De même dans l'Equation $x^2y^5 - 3c^4xy^2 - c^5x^2 + c^7 = 0$, je prens $x^2y^5 + c^7$ ce qui me donne $- \sqrt[5]{\frac{c^7}{x}}$ pour le premier Terme du Quotient, & ainsi des autres.

XXXIV. Mais lorsqu'après avoir trouvé ce Terme, il arrive que sa Puissance est Négative, j'abaisse l'Equation, c'est-à-dire je la multiplie par cette même Puissance Négative, afin qu'il ne soit pas necessaire de le faire dans la Résolution, & outre cela pour que la Regle que nous donnerons pour retrancher les Termes superflus, puisse être appliquée comme il faut. Par exemple si l'Equation proposée étoit $8z^6y^3 + az^6y^2 - 27a^9 = 0$ le premier Terme du Quotient seroit $\frac{3a^3}{2z^2}$ ainsi je multiplierai l'Equation par z^{-2} & j'aurai $8z^4y^3 + az^4y^2 - 27a^9z^{-2} = 0$, de laquelle je chercherai la Résolution.

XXXV. Par cette Methode continuée, on trouve les Termes suivans du Quotient, en les tirant des Equations secondaires, ce qui se fait d'ordinaire plus aisément que l'Extraction du premier Terme, car il suffit de diviser le plus bas des Termes affectés de la petite espece x ou x^2, x^3, &c. & non affectés de l'Espece Radicale p ou q, r, &c. par la quantité dont cette Espece Radicale qui n'a qu'une Dimension, est affectée, sans être affectée de l'Espece indéfinie; & ensuite écrire au Quotient le Résultat. Ainsi dans l'Exemple suivant les Termes $\frac{x}{4}$, $\frac{xx}{64a}$, $\frac{131x^3}{512a^2}$, &c. ſont produits par la Diviſion de a^2x, $\frac{1}{16}ax^2$, $\frac{131}{128}x^3$ par $4aa$.

XXXVI. Il nous reſte maintenant à montrer la pratique de la Réſolution. Soit donc pour Exemple l'Equation $y^3 + a^2y + axy - 2a^3 - x^3 = 0$, dont il faille tirer la Racine; je choiſis, comme je l'ai dit les Termes $y^3 + a^2y - 2a^3$, qui étant égalés à zero, me donnent $y - a = 0$, ainſi j'écris $+ a$ dans le Quotient; mais parce que $+ a$ n'eſt pas la valeur complette de y je fais $a + p = y$, & je ſubſtitue dans l'Equation cette valeur de y, & parmi les Termes $p^3 + 3ap^2 + axp$, &c. qui en réſultent; je choiſis de la même façon les Termes $+ 4a^2p + a^2x$, qui étant égalés à zero donnent $p = -\frac{1}{4}x$, j'écris donc $-\frac{1}{4}x$ au Quotient; mais parce que $-\frac{1}{4}x$ n'eſt pas la valeur exacte de p, je fais $-\frac{1}{4}x + q = p$ & ſubſtituant cette valeur je choiſis dans les Termes $q^3 - \frac{3}{4}xq^2 + 3aq^2$, &c. qui en réſultent, les Termes $q^3 - \frac{1}{16}ax^2$ qui étant égalés à zero donnent $q = \frac{xx}{64a}$ que j'écris au Quotient, mais comme $\frac{xx}{64a}$ n'eſt pas la valeur exacte de q, je fais $\frac{xx}{64a} + r = q$, & je ſubſtitue comme ci-deſſus, ce qui ſe peut continuer auſſi long-tems qu'on voudra, comme on peut le voir dans la Figure ſuivante.

$$y^3 + a^2y - 2a^3 + axy - x^3 = 0. \quad y = a - \frac{x}{4} + \frac{x^2}{64a} + \frac{131x^3}{512a^2} + \frac{509x^4}{16384a^3} \ \&c.$$

$+a+p=y.$	$+y^3$	$+a^3 + 3a^2p + 3ap^2 + p^3$
	$+axy$	$+a^2x + axp$
	$+a^2y$	$+a^3 + a^2p$
	$-x^3$	$-x^3$
	$-2a^3$	$-2a^3$
$-\frac{1}{4}x+q=p.$	$+p^3$	$-\frac{1}{64}x^3 + \frac{3}{16}x^2q - \frac{3}{4}xq^2 + q^3$
	$+3ap^2$	$+\frac{3}{16}ax^2 - \frac{3}{2}axq + 3aq^2$
	$+axp$	$-\frac{1}{4}ax^2 + axq$
	$+4a^2p$	$-a^2x + 4a^2q$
	$+a^2x$	$+a^2x$
	$-x^3$	$-x^3$
$+\frac{x^2}{64a}+r=q.$	$+q^3$	$*$
	$-\frac{3}{4}xq^2$	$*$
	$+3aq^2$	$+\frac{3x^4}{4096a} * + \frac{3}{32}x^2r + 3ar^2$
	$+\frac{3}{16}x^2q$	$+\frac{3x^4}{1024a} * + \frac{3}{16}x^2r$
	$-\frac{3}{2}axq$	$-\frac{3}{128}x^3 \quad -\frac{3}{2}axr$
	$+4a^2q$	$+\frac{1}{16}ax^2 \quad +4a^2r$
	$-\frac{65}{64}x^3$	$-\frac{65}{64}x^3$
	$-\frac{1}{16}ax^2$	$-\frac{1}{16}ax^2$

$$+4a^2 - \frac{3}{2}ax + \frac{9}{32}x^2) + \frac{131}{128}x^3 - \frac{15x^4}{4096a} \left(+ \frac{131x^3}{512a^2} + \frac{509x^4}{16384a^3}\right.$$

XXXVII. Quand on a déterminé jusqu'à quelle Dimension l'on veut pousser l'Extraction, on doit pour plus de facilité negliger les Termes qui deviendront inutiles, c'est-à-dire qu'il ne faut pas les écrire quand on fait les substitutions, & pour les reconnoître sûrement, il suffit d'observer la Dimension du premier Terme qui résulte des Equations secondaires, & n'écrire à main droite de ce premier Terme qu'autant de Termes que la plus haute Dimension du Quotient surpasse celle de ce premier Terme.

XXXVIII. Ainsi dans l'Exemple ci-dessus si je ne veux pousser l'Extraction qu'à quatre Dimensions, je néglige tous les Termes après x^4, je n'en conserve qu'un après x^3, &c. & je marque $*$ tous les Termes que j'omets. L'on continuera donc jusqu'à ce qu'on arrive aux Termes $\frac{15x^4}{4096a} - \frac{131x^3}{128} + 4a^2r - \frac{1}{2}axr$, dans lesquels p, q, r ou s, qui représentent les supplémens de la Racine qu'on veut extraire, n'ont qu'une Dimension ; nous trouverons donc par la Division autant de Termes, comme $+ \frac{131x^3}{512a^2} + \frac{509x^4}{16384a^3}$ qu'il en faudra pour remplir le Quotient ; nous aurons donc enfin $y = a - \frac{1}{4}x + \frac{xx}{64a} + \frac{131x^3}{512a^2} + \frac{509x^4}{16384a^3}$, &c.

XXXIX. Pour mettre ceci dans un plus grand jour, je vais encore donner quelques Exemples. Soit l'Equation $\frac{1}{5}y^5 - \frac{1}{4}y^4 + \frac{1}{3}y^3 - \frac{1}{2}y^2 + y - z = 0$, dont on veut trouver la Racine jusqu'à la cinquiéme Dimension, il faut négliger tous les Termes qui se trouvent après la Note *

$\frac{1}{5}y^5 - \frac{1}{4}y^4 + \frac{1}{3}y^3 - \frac{1}{2}y^2 + y - z = 0.$ $y = z + \frac{1}{2}z^2 + \frac{1}{6}z^3 + \frac{1}{24}z^4 + \frac{1}{120}z^5$, &c		
$z + p = y.$	$+ \frac{1}{5}y^5$	$+ \frac{1}{5}z^5$, &c.
	$- \frac{1}{4}y^4$	$- \frac{1}{4}z^4 - z^3p$, &c.
	$+ \frac{1}{3}y^3$	$+ \frac{1}{3}z^3 + z^2p + zp^2$, &c.
	$- \frac{1}{2}y^2$	$- \frac{1}{2}z^2 - zp - \frac{1}{2}p^2$
	$+ y$	$+ z + p$
	$- z$	$- z$
$\frac{1}{2}z^2 + q = p.$	$+ zp^2$	$+ \frac{1}{4}z^5$, &c.
	$- \frac{1}{2}p^2$	$- \frac{1}{8}z^4 - \frac{1}{2}z^2q$, &c.
	$- z^3p$	$- \frac{1}{2}z^5$, &c.
	$+ z^2p$	$+ \frac{1}{2}z^4 + z^2q$
	$- zp$	$- \frac{1}{2}z^3 - zq$
	$+ p$	$+ \frac{1}{2}z^2 + q$
	$+ \frac{1}{5}z^5$	$+ \frac{1}{5}z^5$
	$- \frac{1}{4}z^4$	$- \frac{1}{4}z^4$
	$+ \frac{1}{3}z^3$	$+ \frac{1}{3}z^3$
	$- \frac{1}{2}z^2$	$- \frac{1}{2}z^2$
$1 - z + \frac{1}{2}z^2) \frac{1}{6}z^3 - \frac{1}{8}z^4 + \frac{1}{20}z^5 (\frac{1}{6}z^3 + \frac{1}{24}z^4 + \frac{1}{120}z^5$		

XL. Et de même si on proposoit de pousser jusqu'à la neuviéme Dimension la résolution de l'Equation $\frac{63}{2816}y^{11} + \frac{35}{1152}y^9 + \frac{5}{112}y^7$

$+\frac{3}{40}y^5+\frac{1}{6}y^3+y-z=0$, avant de commencer l'Opération, on rejettera le Terme $\frac{63}{2816}y^{11}$; & ensuite on rejettera tous les Termes au-dessus de z^9 dans l'Opération, & on n'en souffrira qu'un après z^7 & deux après z^5, parce qu'il est aisé de voir que le Quotient doit descendre par des intervalles de deux unités, comme z, z^3, z^5, &c. Ainsi nous aurons à la fin $y=z-\frac{1}{6}z^3+\frac{1}{120}z^5+\frac{1}{5040}z^7+\frac{1}{362880}z^9$, &c.

XLI. Ceci nous conduit à trouver un moyen pour résoudre les Equations affectées *in infinitum* & composées d'un nombre infini de Termes ; car avant l'Opération vous rejetterez tous les Termes dont les Dimensions se trouveront exceder après la substitution du premier Terme celle que vous voulez donner à votre Quotient ; ainsi dans l'Exemple précedent j'ai rejetté tous les Termes au-delà de y^9, quoiqu'ils s'étendissent à l'infini. Et dans cette Equation

$$0=\begin{cases}-8+z^2-4z^4+9z^6-16z^8, \text{ \&c.}\\ +y \text{ par } z^2-2z^4+3z^6-4z^8, \text{ \&c.}\\ -y^2 \text{ par } z^2-z^4+z^6-z^8, \text{ \&c.}\\ +y^3 \text{ par } z^2-\frac{1}{2}z^4+\frac{1}{3}z^6-\frac{1}{4}z^8, \text{ \&c.}\end{cases}$$

dont je suppose qu'on demande la Racine Cubique jusqu'à la quatriéme Dimension de z. Je rejette tous les Termes qui sont au-delà de y^3 par $z^2-\frac{1}{2}z^4+\frac{1}{3}z^6$, & tous ceux qui sont au-delà de $-y^2$ par $z^2-z^4+z^6$, &c. & tous ceux au-delà de y par z^2-2z^4, & enfin au-delà de $-8+z^2-4z^4$, parce que le premier Terme qu'il faut substituer au lieu de y, se trouve être $\frac{2}{z^{\frac{2}{3}}}$, ce qui donne plus de quatre Dimensions dans tout le reste de l'Equation, & dès lors il ne reste que cette Equation à résoudre $\frac{1}{3}z^6y^3-\frac{1}{2}z^4y^3+z^2y^3-z^6y^2+z^4y^2-z^2y^2-2z^4y+z^2y-4z^4+z^2-8=0$.

XLII. Ce que je viens de dire des Equations élevées s'applique aux Equations du second Dégré ; je suppose par exemple qu'on demande la Racine de cette Equation, & qu'on veuille en approcher jusqu'à la sixiéme Dimension de x.

$$0=\begin{cases}y^2\\ -y \text{ par } a+x+\frac{x^2}{a}+\frac{x^3}{a^2}+\frac{x^4}{a^3}, \text{ \&c.}\\ +\frac{x}{4a^2}\end{cases}$$

Je cherche d'abord le premier Terme du Quotient, & je trouve $y = \frac{x^4}{4a^3}$, ce qui étant substitué dans l'Equation me fait voir que tous les Termes sont plus élevés que x^6, à l'exception de $-y$ par $a + x + \frac{x^2}{a}$; ainsi je n'ai plus que l'Equation $y^2 - ay - xy - \frac{x^2 y}{a} + \frac{x^4}{4a^2} = 0$ d'où je puis tirer la Racine à la maniere ordinaire, en faisant $y = \frac{1}{2}a + \frac{1}{2}x + \frac{x^2}{2a} - \sqrt{\frac{1}{4}a^2 + \frac{1}{2}ax + \frac{3}{4}x^2 + \frac{x^3}{2a}}$, ou bien ce qui est plus commode & plus prompt en se servant de la Methode ci-dessus qui donnera $y = \frac{x^4}{4a^3} - \frac{x^5}{4a^4}$ * On trouvera que le dernier Terme, c'est-à-dire celui qui doit être affecté de x^6 s'évanouira en devenant égal à zero.

XLIII. Quand on a une fois trouvé la suite jusqu'à un certain nombre de termes, on peut quelquefois la continuer par la simple Analogie des Termes; par Exemple vous continuerez tant qu'il vous plaira $z + \frac{1}{2}z^2 + \frac{1}{6}z^3 + \frac{1}{24}z^4 + \frac{1}{120}z^5$, &c. (qui est la Racine de la suite ou Equation infinie, $z = y + \frac{1}{2}y^2 + \frac{1}{3}y^3 + \frac{1}{4}y^4$, &c.) en divisant le dernier Terme par ces Nombres corespondans 2, 3, 4, 5, 6, &c. On continuera de même la suite $z - \frac{1}{6}z^3 + \frac{1}{120}z^5 - \frac{1}{5040}z^7 + \frac{1}{362880}z^9$, &c. en divisant par ces Nombres, 2×3, 4×5, 6×7, 8×9, &c. Et de même la suite $a + \frac{x^2}{2a} - \frac{x^4}{8a^3} + \frac{x^6}{16a^5} - \frac{5x^8}{128a^7}$, &c. peut être continuée tant qu'on voudra en multipliant les Termes par ces Fractions respectives $\frac{1}{2} - \frac{1}{4} - \frac{3}{6} - \frac{5}{8} - \frac{7}{10}$, &c. Il en est de même des autres.

XLIV. Il peut rester encore une difficulté dans la recherche du premier Terme du Quotient, & quelquefois du second & du troisiéme; car leur valeur trouvée par la Methode ci-dessus, peut être irrationelle, ou bien elle peut être la Racine de quelque Equation élevée; lorsque cela arrive, & que la valeur n'est pas en même tems impossible, il faut la représenter par quelque Lettre, & proceder ensuite à l'ordinaire, en la traitant comme connue; dans l'Exemple $y^3 + axy + a^2y - x^3 - 2a^3 = 0$, si la Racine de cette Equation $y^3 + a^2y - 2a^3 = 0$ s'étoit trouvée sourde ou inconnue, je l'aurois représentée par une Lettre b, & j'aurois fait l'Opération comme vous le voyez, en supposant qu'on ne cherche le Quotient que jusqu'à la troisiéme Dimension.

$+ y^2$

$y^3 + aay + axy - 2a^3 - x^3 = 0$. Faites $a^2 + 3b^2 = c^2$, alors
$y = b - \frac{abx}{c^2} + \frac{x^3}{c^2} + \frac{a^4bx^2}{c^6} + \frac{a^3b^3x^3}{c^8} - \frac{a^5bx^3}{c^8} + \frac{a^5b^3x^3}{c^{10}}$, &c.

$b + p = y$.	$+ y^3$ $+ axy$ $+ a^2y$ $- x^3$ $- 2a^3$	$+ b^3 + 3b^2p + 3bp^2 + p^3$ $+ abx + axp$ $+ a^2b + a^2p$ $- x^3$ $- 2a^3$
$-\frac{abx}{c^2} + q = p$.	$+ p^3$ $+ 3bp^2$ $+ axp$ $+ c^2p$ $- x^3$ $+ abx$	$-\frac{a^3b^3x^3}{c^6}$, &c. $+\frac{3a^2b^3x^2}{c^4} - \frac{6ab^2x}{c^2} q$, &c. $-\frac{a^2bx^2}{c^2} + axq$ $- abx + c^2q$ $- x^3$ $+ abx$

$c^2 + ax - \frac{6ab^2x}{c^2}) \frac{a^4bx^2}{c^4} + x^3 + \frac{a^3b^3x^3}{c^6} (\frac{a^4bx^2}{c^6} + \frac{x^3}{c^2} + \frac{a^3b^3x^3}{c^8}$, &c.

XLV. Ayant donc écrit* b au Quotient, je suppose $b + p = y$, & au lieu de y je substitue comme vous voyez; j'ai donc $p^3 + 3bp^2$, &c. je rejette les Termes $b^3 + a^2b - 2a^3$ comme étant égaux à zero, parce que b est supposé être l'une des Racines de cette Equation $y^3 + a^2y - 2a^3 = 0$. Ensuite les Termes $3b^2p + a^2p + abx$ donneront $p = \frac{-abx}{3b^2 + a^2}$ qu'il faut écrire au Quotient; & ensuite supposer $p = \frac{-abx}{3b^2 + a^2} + q$, &c.

XLVI. Pour abréger j'écris cc au lieu de $aa + 3bb$ mais avec cette attention de les restituer par-tout où ils peuvent abréger aussi. Après que l'Opération est finie, je prends quelque Nombre pour a, & je resous l'Equation $y^3 + a^2y - 2a^3 = 0$ par la Methode que j'ai donnée pour les Equations Numeriques, & je substitue l'une des Racines à la place de b. Ou bien je délivre l'Equation de Lettres autant qu'il est possible, & sur-tout de la Lettre ou Espece indefinie, de la maniere que j'ai insinuée ci-devant, & s'il reste des Lettres que je ne peux chasser, j'écris des Nombres à leur place. Ainsi $y^3 + a^2y - 2a^3 = 0$ sera délivrée de a, en divisant la Racine par a, & deviendra $y^3 + y - 2 = 0$, dont la Racine étant trouvée & multipliée par a, sera substituée au lieu de b.

XLVII. Juſqu'ici j'ai toujours ſuppoſé que l'Eſpece indefinie étoit petite ; mais ſi l'on ſuppoſe qu'elle ne differe que peu d'une quantité donnée, je mets une Eſpece ou Lettre pour cette petite difference, & après avoir ſubſtitué, je reſous l'Equation comme auparavant. Ainſi dans l'Equation $\frac{1}{5}y^5 - \frac{1}{4}y^4 + \frac{1}{3}y^3 - \frac{1}{2}y^2 + y + a - x = 0$; ſi l'on ſuppoſe que x ne differe que peu de la quantité a, j'écris z pour cette petite difference, c'eſt-à-dire $a + z$ ou $a - z = x$, & j'ai $\frac{1}{5}y^5 - \frac{1}{4}y^4 + \frac{1}{3}y^3 - \frac{1}{2}y^2 + y \pm z = 0$ qu'il faut reſoudre comme on l'a fait ci-deſſus.

XLVIII. Mais ſi cette eſpece eſt ſuppoſée indefiniment grande, alors je prens une Quantité reciproque, qui par conſéquent ſera indefiniment petite, & après l'avoir ſubſtituée, j'opere comme auparavant. Si donc dans l'Equation $y^3 + y^2 + y - x^3 = 0$, on ſuppoſe que x eſt fort grande, j'écris z pour la Quantité reciproque très-petite $\frac{1}{x}$, & ſubſtituant $\frac{1}{z}$ au lieu de x on aura $y^3 + y^2 + y - \frac{1}{z^3} = 0$, dont la Racine eſt $y = \frac{1}{z} - \frac{1}{3} - \frac{2}{9}z + \frac{7}{81}z^2 + \frac{5}{81}z^3$, &c. ou ſi l'on veut reſtituer x on aura $y = x - \frac{1}{3} - \frac{2}{9x} + \frac{7}{81x^2} + \frac{5}{81x^3}$, &c.

XLIX. Si aucun de ces expediens ne réuſſit, vous pourrez avoir recours à un autre, par Exemple dans l'Equation $y^4 - x^2y^2 + xy^2 + 2y^2 - 2y + 1 = 0$ où vous trouverez que le premier Terme doit ſe tirer de la ſuppoſition que $y^4 + 2y^2 - 2y + 1 = 0$, qui ne donne point de Racines poſſibles, vous ferez bien de tenter quelqu'autre voie ; par exemple vous pourrez ſuppoſer que x ne differe pas beaucoup de $+ 2$ ou que $2 + z = x$, alors ſubſtituant $2 + z$ au lieu de x vous aurez $y^4 - z^2y^2 - 3zy^2 - 2y + 1 = 0$, & le Quotient commencera par $+ 1$. Ou bien ſi vous ſuppoſez x indefiniment grand, ou bien $\frac{1}{x} = z$ vous aurez $y^4 - \frac{y^2}{z^2} + \frac{y^2}{z} + 2y^2 - 2y + 1 = 0$ & $+ z$ ſera le premier Terme du Quotient.

L. Et ainſi en partant de differentes ſuppoſitions vous extrairez & vous exprimerez les Racines de differentes façons.

LI. Si vous êtes curieux de voir de combien de façons cela ſe peut faire, vous eſſayerez de trouver les Quantités, qui étant ſubſtituées au lieu de l'Eſpece indefinie dans l'Equation propoſée, la rendent diviſible par $y +$ ou $-$ quelque Quantité, ou par y ſeul. Par exemple dans l'Equation $y^3 + axy + a^2y - \overline{x^3 - 2a^3} = 0$, vous pourrez ſubſtituer $+ a$ ou $- a$, ou $- 2a$ ou $- \overline{2a^3}|^{\frac{1}{3}}$ au lieu de x

& vous ferez bien fondé à supposer que la Quantité x ne differe que peu de $+a$, ou de $-a$, ou de $-2a$, ou de $-\overline{2a^{3}}|^{\frac{1}{3}}$, & de-là vous pourrez tirer la Racine d'autant de façons differentes, & peut-être encore d'autant d'autres façons, en supposant ces differences indefiniment grandes. Et de plus vous pourrez peut-être arriver encore au même but, si pour la Quantité indefinie vous prenez l'une ou l'autre de ces Especes qui exprime la Racine ; & enfin encore en substituant des valeurs Fictives au lieu de l'Espece indefinie, telles que $az + bz^{2}$, $\frac{a}{b+z}$, $\frac{a+cz}{b+z}$, &c. & en procedant comme ci-dessus dans les Equations qui en resulteront.

LII. Pour s'assurer de la vérité de tout ce que nous venons de dire, & pour voir clairement que les Quotients ainsi tirés & continués à volonté, approchent de la Racine de l'Equation, & n'en different enfin que d'une Quantité plus petite qu'aucune Quantité donnée, & par conséquent n'en different point du tout, quand on les suppose continués à l'infini, il suffit de remarquer que les Quantités qui sont dans la colonne à main gauche du côté droit des Figures où nous avons représenté ces Opérations, sont les derniers Termes des Equations, dont les Racines sont p, q, r, s, &c. Et que quand ils s'évanouissent, les Racines p, q, r, s, &c. c'est-à-dire les differences entre le Quotient & la Racine cherchée s'évanouissent aussi, de sorte qu'alors le Quotient ne differe plus de la vraie Racine ; & de-là quand vous voyez au commencement de l'Opération que tous les Termes de cette colonne se détruisent mutuellement, vous pouvez conclure que le Quotient que vous avez, est la Racine parfaite de l'Equation : & quoique ces Termes ne se détruisent pas tous, vous reconnoîtrez toujours que les Termes dans lesquels l'Espece indefiniment petite n'a que peu de Dimensions, c'est-à-dire les plus grands Termes sont continuellement retranchés de cette colonne, de sorte qu'à la fin il n'en reste plus pas un qui ne soit plus petit que la plus petite Quantité donnée, & infiniment petit ou égal a zero, si on suppose l'Opération continuée à l'infini ; de sorte que le Quotient ainsi tiré à l'infini, est la Racine parfaite de l'Equation.

LIII. Enfin quelque grande que fût supposée l'Espece que j'ai toujours faite indefiniment petite, afin de mettre la chose dans un plus grand jour, les Quotients seront toujours vrais quoique moins convergens à la vraie Racine. Ceci est évident par l'Analogie de la chose, mais il est vrai qu'il faut faire aussi attention aux limites des

Racines, ou aux plus grandes & aux plus petites Quantités ; car ces propriétés sont communes aux Equations finies & infinies. Dans ces dernieres la Racine est la plus grande ou la moindre, lorsque les sommes des Termes Affirmatifs & Négatifs ont la plus grande ou la plus petite difference, & la Racine a ses limites ou est limitée, lorsque la Quantité indefinie ne peut pas être prise plus grande, sans que la grandeur de la Racine ne devienne infinie, c'est-à-dire la Racine elle-même impossible. Ceci fait sentir la raison qui m'a fait supposer cette Quantité très-petite.

LIV. Pour mieux encore éclaircir ceci soit ACD un demi Cercle décrit sur le Diametre AD & BC l'ordonnée. Faites $AB = x$, $BC = y$, $AD = a$, vous aurez $y = \sqrt{ax - xx} = \sqrt{ax} - \frac{x}{2a}\sqrt{ax} - \frac{x^2}{8a^2}\sqrt{ax} - \frac{x^3}{16a^3}\sqrt{ax}$, &c. par la maniere donnée ci-dessus. Donc BC ou l'ordonnée y deviendra la plus grande, lorsque $\sqrt{ax}$ surpassera le plus tous les Termes $\frac{x}{2a}\sqrt{ax} + \frac{x^2}{8a^2}\sqrt{ax} + \frac{x^3}{16a^3}\sqrt{ax}$, &c. c'est-à-dire, lorsque $x = \frac{1}{2}a$, mais elle finira, lorsque $x = a$; car si vous faites x plus grand que a, la somme de tous les Termes $-\frac{x}{2a}\sqrt{ax} - \frac{x^2}{8a^2}\sqrt{ax} - \frac{x^3}{16a^3}\sqrt{ax}$, &c. sera infinie. Il y a de plus une autre limite, lorsque $x = 0$, à cause de l'impossibilité du Radical $\sqrt{-ax}$; les limites A, B & D du demi Cercle sont correspondantes à ces limites de l'Equation.

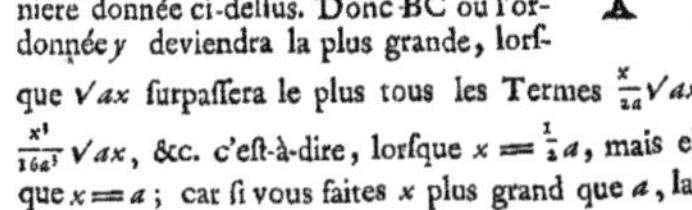

LV. En voilà tout autant qu'il en faut de dit sur ces Methodes de calcul, dont je ferai un frequent usage dans la suite. Reste maintenant à donner quelques essais de Problêmes, sur-tout de ceux que nous présente la nature des Courbes, & cela pour mettre l'Art Analitique dans un plus grand jour. Et d'abord j'observerai que toutes leurs difficultés peuvent se reduire à ces deux Problêmes seulement que je vais proposer sur un espace décrit par un mouvement local retardé ou acceleré d'une façon quelconque.

LVI. 1. *La longueur de l'Espace décrit étant continuellement donnée, trouver la vitesse du Mouvement à un tems donné quelconque.*

LVII. 2. *La vitesse du Mouvement étant continuellement donnée, trouver la longueur de l'Espace décrit à un tems donné quelconque.*

LVIII. Ainsi dans l'Equation $xx = y$, si y représente la longueur de l'Espace décrit à un tems quelconque, lequel tems un autre Espace x en augmentant d'une vitesse uniforme $\dot{x}$ mésure & représente comme décrit, alors $2\dot{x}x$ représentera la vitesse avec laquelle dans le même instant l'Espace y viendra à être décrit *& vice versa*; & c'est de-là que j'ai dans ce qui suit consideré les Quantités comme produites par une augmentation continuelle à la maniere de l'Espace que décrit un corps en mouvement.

LIX. Mais comme nous n'avons pas besoin de considerer ici le tems autrement que comme exprimé & mésuré par un mouvement local uniforme, & qu'outre cela nous ne pouvons jamais comparer ensemble que des Quantités de même genre, non-plus que leurs vitesses d'accroissement & de diminution; je n'aurai dans ce qui suit aucun égard au tems consideré proprement comme tel; mais je supposerai que l'une des Quantités proposées de même genre doit augmenter par une Fluxion uniforme, à laquelle Quantité je rapporterai tout le reste comme si c'étoit au tems; donc par Analogie cette quantité peut avec raison recevoir le nom de tems; ainsi quand dans la suite pour donner des idées plus claires & plus distinctes, je me servirai du mot *Tems*, je n'entends jamais le tems proprement pris comme tel, mais seulement une autre Quantité par l'augmentation ou Fluxion de laquelle le tems peut être expprimé & mésuré.

LX. J'appellerai *Quantités Fluentes*, ou simplement *Fluentes* ces Quantités que je considere comme augmentées graduellement & indefiniment, je les représenterai par les dernieres Lettres de l'Alphabet v, x, y & z pour les distinguer des autres quantites qui dans les Equations sont considerées comme connuës & déterminées qu'on représente par les Lettres initiales a, b, c, &c. & je représenterai par les mêmes dernieres Lettres surmontées d'un point $\dot{v}$, $\dot{x}$, $\dot{y}$ & $\dot{z}$ les vitesses dont les Fluentes sont augmentées par le mouvement qui les produit, & que par conséquent on peut appeller *Fluxions*. Ainsi pour la Vitesse ou Fluxion de v je mettrai $\dot{v}$, & pour les vitesses de x, y, z je mettrai $\dot{x}$, $\dot{y}$, $\dot{z}$ respectivement.

LXI. Ces choses étant ainsi préposées, je vais entrer en matiere & donner d'abord la solution des deux Problêmes que je viens de proposer.

PROBLEME I.

Etant donnée la Relation des Quantités Fluentes, trouver la Relation de leurs Fluxions.

SOLUTION.

I. DISPOSEZ l'Equation par laquelle la Relation donnée est exprimée suivant les Dimensions de l'une de ses Quantités Fluentes x par exemple, & multipliez ses Termes par une Progression Arithmetique quelconque, & ensuite par $\frac{\dot{x}}{x}$ faites cette Opération séparément pour chacune des Quantités Fluentes; après quoi égalez à zero la somme de tous les produits, & vous aurez l'Equation cherchée.

II. EXEMPLE I. Si la Relation des Quantités Fluentes x & y est $x^3 - ax^2 + axy - y^3 = 0$, disposez d'abord les Termes suivant x, & ensuite suivant y, & multipliez-les comme vous voyez.

Multipliez	x^3	$-ax^2$	$+axy$	$-y^3$	$-y^3$	$+axy$	$\begin{matrix}-ax^2\\+x^3\end{matrix}$
par	$\frac{3\dot{x}}{x}$.	$\frac{2\dot{x}}{x}$.	$\frac{\dot{x}}{x}$.	0	$\frac{3\dot{y}}{y}$.	$\frac{\dot{y}}{y}$.	0
Vous aurez	$3\dot{x}x^2$	$-2a\dot{x}x$	$+a\dot{x}y$	*	$-3\dot{y}y^2$	$+a\dot{y}x$	*

la somme des produits est $3\dot{x}x^2 - 2a\dot{x}x + a\dot{x}y - 3\dot{y}y^2 + a\dot{y}x$, qui étant égalée à zero, donne la Relation des Fluxions $\dot{x}$ & $\dot{y}$; car si vous donnez à volonté une valeur à x, l'Equation $x^3 - ax^2 + axy - y^3 = 0$, donnera la valeur de y; ce qui étant déterminé, l'on aura $\dot{x} : \dot{y} :: 3y^2 - ax : 3x^2 - 2ax + ay$.

III. EXEMPLE II. Si la Relation des Quantités x, y & z, est exprimée par l'Equation $2y^3 + x^2y - 2cyz + 3yz^2 - z^3 = 0$

Multipliez	$2y^3$	$\begin{matrix}+xx\\-2cz\\+3z^2\end{matrix} \times y$	$-z^3$	yx^2	$\begin{matrix}+2y^3\\-2cyz\\+3yz^2\\-z^3\end{matrix}$	$-z^3$	$+3yz^2$	$-2cyz$	$\begin{matrix}+x^2y\\+2y^3\end{matrix}$
par	$\frac{2\dot{y}}{y}$.	0 .	$-\frac{\dot{y}}{y}$	$\frac{2\dot{x}}{x}$.	0 .	$\frac{3\dot{z}}{z}$.	$\frac{2\dot{z}}{z}$.	$\frac{\dot{z}}{z}$.	0.
Vous aurez	$4\dot{y}y^2$	*	$+\frac{\dot{y}z^3}{y}$	$2\dot{x}xy$	*	$-3\dot{z}z^2$	$+6\dot{z}zy$	$-2c\dot{z}y$	*

donc la Relation des Fluxions $\dot{x}$, $\dot{y}$ & $\dot{z}$ est $4\dot{y}y^2 + \frac{\dot{y}z^3}{y} + 2\dot{x}xy - 3\dot{z}z^2 + 6z\dot{z}y - 2cz\dot{y} = 0$.

IV. Mais comme il y a trois Quantités Fluentes x, y & z, il faut une autre Equation pour que la Relation entr'elles & entre leurs Fluxions, puiſſe être entierement déterminée; comme ſi l'on ſuppoſe que $x + y - z = 0$, l'on trouvera par cette Regle une autre Relation $\dot{x} + \dot{y} - \dot{z} = 0$ entre leurs Fluxions. En les comparant avec les Equations précedentes, & chaſſant l'une des trois Quantités, & auſſi l'une des Fluxions, vous aurez une Equation qui déterminera entierement la Relation de tout le reſte.

V. Lorſque dans l'Equation propoſée, il ſe trouve des Fractions complexes, ou des Quantités ſourdes, je mets pour chacune autant de Lettres, & les traitant comme des Fluentes, j'opere comme auparavant, après quoi je ſupprime ces Lettres comme vous le voyez.

VI. Exemple III. Si la Relation des Quantités x & y est donnée par $yy - aa - x\sqrt{aa - xx} = 0$ pour $x\sqrt{aa - xx}$ j'écris z, & j'ai les deux Equations $yy - aa - z = 0$, & $a^2x^2 - x^4 - z^2 = 0$, dont la premiere donnera $2\dot{y}y - \dot{z} = 0$ pour la Relation des Viteſſes ou Fluxions $\dot{y}$ & $\dot{z}$, & la seconde $2a^2\dot{x}x - 4\dot{x}x^3 - 2\dot{z}z = 0$, ou $\frac{a^2\dot{x}x - 2\dot{x}x^3}{z} = \dot{z}$ pour la Relation des Viteſſes $\dot{x}$ & $\dot{z}$, & chaſſant $\dot{z}$ on aura $2\dot{y}y - \frac{a^2\dot{x}x + 2\dot{x}x^3}{z} = 0$ dans laquelle Equation remettant $x\sqrt{aa - xx}$, au lieu de z, il vient $2\dot{y}y - \frac{-a^2\dot{x} + 2\dot{x}x^2}{\sqrt{aa - xx}} = 0$ pour la Relation cherchée entre $\dot{x}$ & $\dot{y}$.

VII. Exemple III. Si $x^3 - ay^2 + \frac{by^3}{a+y}\,xx\sqrt{ay \pm xx} = 0$ exprime la Relation qui est entre x & y; je fais $\frac{by^3}{a+y} = z$, & $xx\sqrt{ay + xx} = v$, & j'ai les trois Equations $x^3 - ay^2 + z - v = 0$, $az + yz - by^3 = 0$, & $ax^4y + x^6 - vv = 0$; la premiere donne $3\dot{x}x_2 - 2a\dot{y}y + \dot{z} - \dot{v} = 0$, la seconde donne $a\dot{z} + \dot{z}y + \dot{y}z - 3b\dot{y}y^2 = 0$, & la troiſiéme $4a\dot{x}x^3y + 6\dot{x}x^5 + a\dot{y}x^4 - 2\dot{v}v = 0$ pour les Relations des Viteſſes $\dot{x}$, $\dot{y}$, $\dot{v}$ & $\dot{z}$. Je ſubſtitue dans la premiere Equation les valeurs $\frac{3b\dot{y}y^2 - \dot{y}z}{a+y}$ & $\frac{4a\dot{x}x^3y + 6\dot{x}x^5 + a\dot{y}x^4}{2v}$ de $\dot{z}$ & $\dot{v}$ trouvées par la ſeconde & la troiſiéme Equation, & j'ai $3\dot{x}x^2 - 2a\dot{y}y$

$+\frac{3b\dot{y}y^2-\dot{y}z}{a+y}-\frac{4a\dot{x}x^3y-6\dot{x}x^4-a\dot{y}x^4}{2v}=0$, & reſtituant au lieu de z & v leurs valeurs $\frac{by^3}{a+y}$ & $xx\sqrt{ay+xx}$ j'aurai l'Equation cherchée $3\dot{x}x^2-2a\dot{y}y+\frac{3ab\dot{y}y^2+2b\dot{y}y^3}{aa+2ay+yy}-\frac{4a\dot{x}xy-6\dot{x}x^3-a\dot{y}xx}{2\sqrt{ay+xx}}=0$ qui exprime la Relation des Viteſſes $\dot{x}$ & $\dot{y}$.

VIII. Je crois qu'après cela il eſt aiſé de voir clairement comment on doit opérer dans les autres cas, comme quand il ſe trouve dans l'Equation propoſée des Dénominateurs ſourds des Radicaux ſous d'autres Radicaux, comme $\sqrt{ax+\sqrt{aa-xx}}$ ou d'autres Termes compliqués de même genre.

IX. De plus, quoiqu'il ſe trouve dans l'Equation propoſée des Quantités qui ne peuvent être déterminées ou exprimées par aucune Methode Géometrique, comme par exemple des Aires ou des Longueurs de Courbes : cependant on ne laiſſera pas que de trouver les Relations de leurs Fluxions, comme il paroîtra par l'Exemple ſuivant.

Préparation pour l'Exemple V.

X. Je ſuppoſe que BD ſoit une Ordonnée élevée à Angles droits ſur AB, & que ADH ſoit un Courbe quelconque déterminée par la Relation de AB à BD exprimée par une Equation. Appellons x la Ligne AB, & z l'Aire de la Courbe ADB multipliée par l'unité. Enſuite élevons la Perpendiculaire AC égale à l'unité, & par le point C tirons CE paralelle à AB, & qui rencontre BD en E; enfin concevons que ces deux Surfaces ADB & ACEB ſont produites par le mouvement de la Ligne droite BED, il eſt évident que leurs Fluxions (c'eſt-à-dire les Fluxions des Quantités $1\times z$, & $1\times x$, ou des Quantités z & x) ſont entre elles comme les Lignes AD, BE, qui les ont produites. Ainſi $\dot{z}:\dot{x}::BD:BE=1$, donc $\dot{z}=\dot{x}\,BD$.

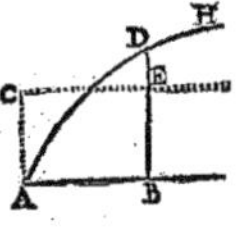

XI. z Peut donc ſe trouver dans une Equation quelconque, qui exprime la Relation entre x & une autre Quantité Fluente quelconque y, & cependant on ne laiſſera pas de trouver la Relation des Fluxions $\dot{x}$ & $\dot{y}$.

XII. Ex.

XII. EXEMPLE V. Comme si l'on avoit l'Equation $zz + axz - y^4 = 0$ pour expression de la Relation entre x & y, & en même tems $\sqrt{ax - xx} = BD$ pour l'expression de la Courbe, qui par conséquent est un Cercle. L'Equation $zz + axz - y^4 = 0$ donnera $2\dot{z}z + a\dot{z}x + a\dot{x}z - 4\dot{y}y^3 = 0$ pour la Relation des Vitesses $\dot{x}, \dot{y}$ & $\dot{z}$ & comme $\dot{z} = \dot{x} \times BD$ ou $= \dot{x}\sqrt{ax - xx}$, substituez cette valeur en sa place, & vous aurez l'Equation $2\dot{x}z + a\dot{x}x\sqrt{ax - xx} + a\dot{x}z - 4\dot{y}y^3 = 0$, qui détermine la Relation des Vitesses $\dot{x}$ & $\dot{y}$.

Démonstration de la Solution.

XIII. Les momens des Quantités Fluentes (c'est-à-dire leurs parties indefiniment petites, par l'accession desquelles, dans des parties indefiniment petites de tems, elles sont continuellement augmentées) sont comme les Vitesses de leur Flux ou Accroissement.

XIV. Si donc le produit de la Vitesse $\dot{x}$ par une Quantité indefiniment petite o, c'est-à-dire, si $\dot{x}o$ représente le moment d'une Quantité quelconque x, les moments des autres v, y, z seront représentés par $\dot{v}o, \dot{y}o, \dot{z}o$, parce que $\dot{v}o$, $\dot{y}o$, $\dot{x}o$, $\dot{z}o$ sont chacuns comme $\dot{u}$, $\dot{y}$, $\dot{x}$, $\dot{z}$.

XV. Puis donc que les moments comme $\dot{x}o$, $\dot{y}o$ sont les accessions ou augmentations indefiniment petites des Quantités Fluentes x & y pendant les indefiniment petits intervales de tems, il suit que ces Quantités x & y après un intervalle indefiniment petit de tems, deviennent $x + \dot{x}o$ & $y + \dot{y}o$, & par conséquent l'Equation qui en tout tems exprime également la Relation des Quantités Fluentes, exprimera la Relation entre $x + \dot{x}o$ & $y + \dot{y}o$ tout aussi-bien qu'entre x & y; ainsi on peut substituer dans la même Equation $x + \dot{x}o$ & $y + \dot{y}o$, au lieu de x & y.

XVI. Soit donc l'Equation donnée quelconque $x^3 - ax^2 + axy - y^3 = 0$ je substitue $x + \dot{x}o$ pour x, & $y + \dot{y}o$ pour y, & j'ai

$$\left.\begin{array}{llll} x^3 & + 3\dot{x}ox^2 & + 3\dot{x}^2oox & + \dot{x}^3o^3 \\ - ax^2 & - 2a\dot{x}ox & - a\dot{x}^2oo & \\ + axy & + a\dot{x}oy & + a\dot{y}ox & + a\dot{x}\dot{y}oo \\ - y^3 & - 3\dot{y}oy^2 & - 3\dot{y}^2ooy & - \dot{y}^3o^3 \end{array}\right\} = 0$$

XVII. Maintenant j'ai par la ſuppoſition $x^3 - ax^2 + axy - y^3 = 0$, j'efface donc ces Termes dans l'Equation précedente, & ayant diviſé par o tous les Termes qui reſtent, j'aurai $3\dot{x}x^2 - 2a\dot{x}x + a\dot{x}y - 3\dot{y}y^2 + 3\dot{x}^2ox - a\dot{x}^2o + a\dot{y}x - 3\dot{y}^2oy + \dot{x}^3o^2 + a\dot{x}\dot{y}o - \dot{y}^3o^2 = 0$. Mais comme o a dû être ſuppoſé infiniment petit, pour pouvoir repréſenter les momens des Quantités, les Termes qu'il multiplie ſont nuls en comparaiſon des autres, je les rejette donc, & il me reſte $3\dot{x}x^2 - 2a\dot{x}x + a\dot{x}y + a\dot{y}x - 3\dot{y}y^2 = 0$, comme ci-deſſus dans l'Exemple premier.

XVIII. On peut obſerver ici que les Termes qui ne ſont pas multipliés par o s'évanoüiſſent toujours, comme auſſi ceux qui ſonr multipliés par o élevé à plus d'une Dimenſion, & que le reſte des Termes étant diviſé par o acquiert la forme qu'il doit avoir par la régle preſcrite ; & c'eſt ce qu'il falloit prouver.

XIX. De ceci bien entendu ſuivent aiſément les autres choſes compriſes dans la régle, que dans l'Equation propoſée il peut ſe trouver pluſieurs Quantités Fluentes & que les Termes peuvent être multipliés non ſeulement par le Nombre des Dimenſions des Quantités Fluentes, mais auſſi par d'autres Progreſſions Arithmetiques quelconques ; enſorte cependant que dans l'Operation il y ait la même difference, & que la Progreſſion ſoit diſpoſée ſelon le même ordre des Dimenſions. Ces choſes étant admiſes, le reſte qui eſt compris dans les Exemples 3, 4 & 5, ſera aſſez clair.

PROBLEME II.

Etant donnée la Relation des Fluxions, trouver celle des Quantités Fluentes.

SOLUTION PARTICULIERE.

I. COMME ce Problême eſt l'inverſe du précédent, on peut le réſoudre en Procédant d'une façon contraire, c'eſt-à-dire, il faudra diſpoſer ſuivant les Dimenſions de x les Termes multipliés par $\dot{x}$, enſuite les diviſer par $\frac{\dot{x}}{x}$ & enfin par le Nombre de leur Dimenſions, ou peut-être par quelqu'autre Progreſſion Arithmetique. On répétera la même Opération pour les Termes multipliés par $\dot{v}$, $\dot{y}$ ou $\dot{z}$, & l'on égalera toute la ſomme à zero en rejettant les Termes ſuperflus.

II. Exemple. Soit l'Equation proposée $3\dot{x}x^2 - 2a\dot{x}x + a\dot{x}y - 3\dot{y}y^2 + a\dot{y}x = 0$. faites l'Opération comme vous voyez.

Divisés	$3\dot{x}x^2$	$-2a\dot{x}x$	$+a\dot{x}y$	Divisés	$-3\dot{y}y^2$	*	$+a\dot{y}x$
par $\frac{\dot{x}}{x}$				par $\frac{\dot{y}}{y}$			
Le Quot. est	$3x^3$	$-2ax^2$	$+ayx$	Le Qu. est	$-3y^3$	*	$+ayx$
Divisés par	3 .	2 .	1 .	Divisés par	3 .	2 .	1 .
Quotient	x^3	$-ax^2$	$+ayx$	Quotient	$-y^3$	*	$+ayx$

la somme est $x^3 - ax^2 + axy - y^3$ qui égalée à zero donne la Relation des Quantités Fluentes x & y. On peut observer que quoique le Terme axy se trouve deux fois, je ne le mets qu'une fois dans la Somme $x^3 - ax^2 + axy - y^3 = 0$, & que j'en rejette un comme superflu, & en effet toutes les fois qu'un Terme se trouve deux fois ou même plus de deux fois, ce qui peut arriver lorsqu'il y a plus de deux Quantités Fluentes, il ne faudra l'écrire qu'une fois dans la Somme des Termes.

III. Il y a d'autres Circonstances à observer, que je laisse à la Sagacité de l'Artiste ; d'autant plus qu'il seroit inutile de s'arrêter trop long-tems sur cet article, parce que le Problême ne peut pas toujours être résolu par cet Artifice. J'ajouterai seulement que quand cette Methode nous donne la Relation des Fluentes, il faut par le Prob. I. en chercher les Fluxions, & quand elles se retrouvent les mêmes, l'Opération est bonne, mais sans cela non ; ainsi dans l'Exemple proposé après avoir trouvé $x^3 - ax^2 + axy - y^3 = 0$, je cherche par le Prob. I. la Relation des Fluxions $\dot{x}$ & $\dot{y}$ & j'arrive à l'Equation proposée $3\dot{x}x^2 - 2a\dot{x}x + a\dot{x}y - 3\dot{y}y^2 + a\dot{y}x = 0$. Ce qui ne prouve que l'Equation $x^3 - ax^2 + axy - y^3 = 0$ a été bien trouvée. Mais si l'Equation proposée étoit $\dot{x}x - \dot{x}y + a\dot{y} = 0$ on auroit par cette Methode $\frac{1}{2}x^2 - xy + ay = 0$, pour la Relation de x & y ; ce qui ne seroit pas juste, puisque par le Prob. I. cette Equation donneroit $\dot{x}x - \dot{x}y - \dot{y}x + a\dot{y} = 0$ differente de la premiere.

IV. Après ceci que je n'ai mis que par préambule, je viens à la Solution générale.

Préparation pour la Solution générale.

V. Il faut d'abord observer que dans l'Equation proposée les Symboles qui représentent les Fluxions, doivent monter dans chaque Terme au même nombre de Dimensions, parce que les Fluxions sont des Quantités d'un genre différent de celui des Quantités dont elles sont Fluxions. Lorsque dans une Equation il en arrive autrement, on doit y entendre une autre Fluxion prise pour l'unité, & il faut multiplier par cette Fluxion les Termes les plus bas autant de fois qu'il le faudra pour que les Symboles des Fluxions soient élevez dans tous les Termes au même nombre de Dimensions. Comme si l'Equation proposée étoit $\dot{x} + \dot{x}\dot{y}x - axx = o$, il faudroit entendre que la Fluxion $\dot{z}$ d'une troisiéme Quantité Fluente z a été prise pour l'unité & multiplier le premier Terme $\dot{x}$ une fois par cette même Fluxion $\dot{z}$, & le dernier Terme axx deux fois, afin que dans ces deux Termes les Fluxions soient élevées au même nombre de Dimensions que le second Terme $\dot{x}\dot{y}x$, comme si l'Equation proposée eut été tirée de celle-ci $\dot{x}\dot{z} + \dot{x}\dot{y}x - a\dot{z}\dot{z}xx = o$, en faisant $\dot{z} = 1$. De même dans l'Equation $\dot{y}x = yy$, il faut imaginer que l'unité $\dot{x}$ multiplie le Terme yy.

VI. Les Equations dans lesquelles il ne se trouve que deux Quantités Fluentes toutes deux élevées dans tous les Termes au même nombre de Dimensions, peuvent toujours se réduire à une forme telle que le rapport des Fluxions, c'est-à-dire, ($\frac{\dot{x}}{\dot{y}}$ ou, $\frac{\dot{y}}{\dot{x}}$ ou, $\frac{\dot{z}}{\dot{x}}$, &c.) se trouve toujours d'un côté, & de l'autre côté la valeur de ce rapport exprimée en Termes simples & purement Algébriques, par Exemple $\frac{\dot{y}}{\dot{x}} = 2 + 2x - y$. quand donc la Solution particuliere ci-dessus n'a pas lieu, il faudra amener les Equations à cette forme.

VII. Et lorsque dans la Valeur de ce Rapport il se trouve quelque Terme composé ou Radical, ou bien lorsque le Raport lui-même se trouve être la Racine d'une Equation affectée, il faut faire la Réduction au moyen de la Division ou de l'Extraction de Racines, ou de la Resolution de l'Equation affectée comme on l'a vû ci-devant.

VIII. Ainſi l'Equation propoſée $\dot{y}a - \dot{y}x - \dot{x}a + \dot{x}x - \dot{x}y = 0$ donne d'abord par la Réduction $\frac{\dot{y}}{\dot{x}} = 1 + \frac{y}{a-x}$, ou $\frac{\dot{x}}{\dot{y}} = \frac{a-x}{a-x+y}$. Et ſi dans cette premiere Equation je réduits le Terme composé $\frac{y}{a-x}$, à une ſuite infinie de Termes ſimples $\frac{y}{a} + \frac{xy}{a^2} + \frac{x^2y}{a^3} + \frac{x^3y}{a^4}$ &c. en diviſant le Numerateur y par le Denominateur $a - x$, j'aurai $\frac{\dot{y}}{\dot{x}} = 1 + \frac{y}{a} + \frac{xy}{a^2} + \frac{x^2y}{a^3} + \frac{x^3y}{a^4}$ &c. au moyen de laquelle Equation l'on déterminera la Relation de $\dot{x}$ & $\dot{y}$.

IX. Et de même ſi l'Equation donnée eſt $\dot{y}\dot{y} = \dot{x}\dot{y} + \dot{x}\dot{x}xx$ je la réduits d'abord à $\frac{\dot{y}\dot{y}}{\dot{x}\dot{x}} = \frac{\dot{y}}{\dot{x}} + xx$ & enſuite à $\frac{\dot{y}}{\dot{x}} = \frac{1}{2} \pm \sqrt{\frac{1}{4} + xx}$: (en faiſant $\dot{x} = 1$ & tirant la Racine quarrée de l'Equation affectée $\dot{y}\dot{y} = \dot{y} + xx$,) puis je tire la Racine quarrée des Termes $\frac{1}{4} + xx$ qui me donne la ſuite infinie $\frac{1}{2} + x^2 - x^4 + 2x^6 - 5x^8 + 14x^{10}$ que je ſubſtituë au lieu de $\sqrt{\frac{1}{4} + xx}$, & j'ai $\frac{\dot{y}}{\dot{x}} = 1 + x^2 - x^4 + 2x^6 - 5x^8$, &c. ou $= - x^2 + x^4 - 2x^6 + 5x^8$, &c. ſelon que $\sqrt{\frac{1}{4} + xx}$ eſt ajouté ou ſouſtrait à $\frac{1}{2}$.

X. De même encore ſi l'on propoſe l'Equation $\dot{y}^3 + ax\dot{x}^2\dot{y} + a^2\dot{x}^2\dot{y} - x^3\dot{x}^3 - 2a^3\dot{x}^3 = 0$, ou $\frac{\dot{y}^3}{\dot{x}^3} + \frac{ax\dot{y}}{\dot{x}} + \frac{a^2\dot{y}}{\dot{x}} - x^3 - 2a^3 = 0$ je tire comme je l'ai fait ci-devant la Racine Cubique de cette Equation affectée & j'ai $\frac{\dot{y}}{\dot{x}} = a - \frac{x}{4} + \frac{xx}{64a} + \frac{131x^3}{512a^2} + \frac{509x^4}{16384a^3}$ &c.

XI. On peut obſerver que je ne regarde comme composés que les ſeuls Termes qui ſont en effet composés à l'égard des Quantités Fluentes ; & que je regarde comme des Quantités ſimples, ceux qui ne ſont composés qu'à l'égard des Quantités données : car ceux-ci peuvent toujours être réduits à des Quantités ſimples, en les ſuppoſant égaux à d'autres Quantités données. Je conſidere donc les Quantités $\frac{ax+bx}{c}$, $\frac{x}{a+b}$, $\frac{bcc}{ax+bx}$, $\frac{b^4}{ax^2+bx^2}$, $\sqrt{ax+bx}$, &c. comme des Quantités ſimples, parce qu'elles peuvent être réduites à des Quantités ſimples $\frac{ex}{c}$, $\frac{x}{e}$, $\frac{bc^2}{ex}$, $\frac{b^4}{ex^2}$, $\sqrt{ex}$ (ou $e^{\frac{1}{2}}x^{\frac{1}{2}}$) &c. en ſuppoſant $a + b = e$.

XII. De plus, pour mieux diſtinguer les Quantités Fluentes les unes des autres, on peut avec aſſez de raiſon donner à la Fluxion qui eſt au Numerateur du Raport, ou à l'Antecedent de ce Raport le nom de *Quantité Relative*, & à celle qui eſt au Denominateur & à laquelle on compare la premiere le nom de *Correlative*; & on peut auſſi diſtinguer les Fluentes reſpectivement par ces mêmes Noms, même pour mieux entendre ce qui ſuit, il faut concevoir que la Quantité Correlative eſt le Temps ou plûtôt une Quantité quelconque qui fluë ou coule uniformement, & qui meſure & exprime le Temps. Et que la Quantité Relative eſt l'Eſpace que décrit dams ce Temps un Corps ou un Point qui ſe meut d'un mouvement acceleré ou retardé d'une façon quelconque : enfin que l'Eſprit du Problême eſt de déterminer par la Viteſſe donnée à chaque inſtant l'Eſpace parcouru pendant le Temps tout entier.

XIII. Mais à l'égard de ce Problême nous pouvons diſtinguer les Equations en trois Claſſes.

XIV. La premiere des Equations où il ne ſe trouve que les deux Fluxions & l'une des Fluentes.

XV. La ſeconde ou il ſe trouve les deux Fluxions & les deux Fluentes.

XVI. La troiſiéme ou il ſe trouve des Fluxions de plus de deux Quantités.

XVII. Ceci étant prépoſé, je vais chercher la Solution de ce Problême dans les trois Cas.

Solution du premier Cas.

XVIII. Prenons pour la Quantité Correlative la Fluente de l'Equation, & mettons d'un côté de l'Equation le Raport de la Fluxion de l'autre Quantité à la Fluxion de celle-ci & de l'autre côté de l'Equation la Valeur de ce Raport en Termes ſimples ; enſuite multiplions la Valeur du Raport de ces Fluxions par la Quantité Correlative, & diviſons chacun de ſes Termes par le nombre des Dimenſions de la Quantité ; le réſultat de cette Opération ſera la Valeur de l'autre Quantité Fluente.

XIX. Par Exemple dans l'Equation propoſée $\dot{y}y = \dot{x}y + \dot{x}xxx$; je prends x pour la Quantité Correlative, & en réduiſant l'Equation j'ai $\frac{\dot{y}}{\dot{x}} = 1 + x^2 - x^4 + 2x^6$, &c. je multiplie par x cette

Valeur de $\frac{\dot{y}}{\dot{x}}$ & j'ai $x + x^3 - x^5 + 2x^7$, &c. qui étant divisés chacun par le nombre de leur Dimensions donnent $x + \frac{1}{3}x^3 - \frac{1}{5}x^5 + \frac{2}{7}x^7$, &c. que j'égale à y. Ainsi l'Equation $y = x + \frac{1}{3}x^3 - \frac{1}{5}x^5 + \frac{2}{7}x^7$, &c. déterminera la Relation de x & y, que l'on demandoit.

XX. Soit l'Equation $\frac{\dot{y}}{\dot{x}} = a - \frac{x}{4} + \frac{xx}{64a} + \frac{131x^3}{512a^2}$ &c. l'on aura $y = ax - \frac{x^2}{8} + \frac{x^3}{192a} + \frac{131x^4}{2048a^2}$ &c. pour la Relation de x & y.

XXI. L'Equation $\frac{\dot{y}}{\dot{x}} = \frac{1}{x^3} - \frac{1}{x^2} + \frac{a}{x^{\frac{1}{2}}} - x^{\frac{1}{2}} + x^{\frac{3}{2}}$, &c. donne $y = -\frac{1}{2x^2} + \frac{1}{x} + 2ax^{\frac{1}{2}} - \frac{2}{3}x^{\frac{3}{2}} + \frac{2}{5}x^{\frac{5}{2}}$, &c. car en multipliant par x la Valeur de $\frac{\dot{y}}{\dot{x}}$ elle devient $\frac{1}{xx} - \frac{1}{x} + ax^{\frac{1}{2}} - x^{\frac{3}{2}} + x^{\frac{5}{2}}$, &c. ou $x^{-2} - x^{-1} + ax^{\frac{1}{2}} - x^{\frac{3}{2}} + x^{\frac{5}{2}}$, &c. qui étant divisé par le nombre des Dimensions, donnera la Valeur que nous venons de trouver pour y.

XXII. De la même façou l'Equation $\frac{\dot{x}}{\dot{y}} = \frac{2b^2c}{\sqrt{ay^3}} + \frac{3y^2}{a+b} + \sqrt{by+cy}$, donne $x = -\frac{4b^2c}{\sqrt{ay}} + \frac{y^3}{a+b} + \frac{2}{3}\sqrt{by^3+cy^3}$. Car la Valeur de $\frac{\dot{x}}{\dot{y}}$ multipliée par y, produit $\frac{2b^2c}{\sqrt{ay}} + \frac{3y^3}{a+b} + \sqrt{by^3+cy^3}$ ou $2b^2ca^{-\frac{1}{2}}y^{-\frac{1}{2}} + \frac{3}{a+b}y^3 + \sqrt{b+c}\,xy^{\frac{3}{2}}$, & de là on aura la Valeur de x en divisant par le nombre des Dimensions de chaque Terme.

XXIII. Et de même $\frac{\dot{y}}{\dot{x}} = z^{\frac{1}{2}}$, donne $y = \frac{2}{3}z^{\frac{3}{2}}$. Et $\frac{\dot{y}}{\dot{x}} = \frac{ab}{cx^{\frac{1}{3}}}$, donne $y = \frac{2c}{3abx^{\frac{2}{3}}}$. Mais l'Equation $\frac{\dot{y}}{\dot{x}} = \frac{a}{x}$ donnne $y = \frac{a}{0}$. Car $\frac{a}{x}$ multiplié par x produit a, qui étant divisé par le nombre des Dimensions qui est o, donne $\frac{a}{0}$ pour la Valeur de y, ce qui est une Quantité infinie.

XXIV. Toutes les fois qu'il se rencontrera dans la Valeur de $\frac{\dot{x}}{\dot{y}}$

un Terme dont le Dénominateur renfermera la Quantité Correlative d'une seule Dimension, il faudra au lieu de la Quantité Correlative substituer la Somme ou la Difference de cette Quantité & de quelqu'autre Quantité donnée ou prise à volonté ; car cela ne changera rien au Raport des Fluxions, & la Quantité Relative Fluente sera seulement diminuée d'une portion infinie, elle deviendra donc finie quoique non exprimable autrement que par un nombre infini de Termes.

XXV. Si donc dans l'Equation proposée $\frac{\dot{y}}{\dot{x}} = \frac{a}{x}$ j'introduis la Quantité b prise à volonté en écrivant $b + x$, au lieu de x j'aurai $\frac{\dot{y}}{\dot{x}} = \frac{a}{b + x}$, & en Divisant $\frac{\dot{y}}{\dot{x}} = \frac{a}{b} - \frac{ax}{b^2} + \frac{ax^2}{b^3} - \frac{ax^3}{b^4}$, &c. & par conséquent $y = \frac{ax}{b} - \frac{ax^2}{2b^2} + \frac{ax^3}{3b^3} - \frac{ax^4}{4b^4}$ &c. pour la Relation de x & y.

XXVI. Et si l'on propose l'Equation $\frac{\dot{y}}{\dot{x}} = \frac{2}{x} + 3 - xx$; à cause du Terme $\frac{2}{x}$, je mettrai $1 + x$ au lieu de x, & j'aurai $\frac{\dot{y}}{\dot{x}} = \frac{2}{1 + x} + 2 - 2x - xx$. Et réduisant le Terme $\frac{2}{1 + x}$ en suite infinie $+ 2 - 2x + 2x^2 - 2x^3 + 2x^4$, &c. j'aurai $\frac{\dot{y}}{\dot{x}} = 4 - 4x + x^2 - 2x^3 + 2x^4$, &c. Et par conséquent $y = 4x - 2x^2 + \frac{1}{3}x^3 - \frac{1}{2}x^4 + \frac{2}{5}x^5$, pour la Relation de x & y.

XXVII. Et de même dans l'Equation $\frac{\dot{y}}{\dot{x}} = x^{-\frac{1}{2}} + x^{-1} - x^{\frac{1}{2}}$ ou le Terme x^{-1} ou $\frac{1}{x}$ se trouve, je change x en $1 - x$, & non pas $1 + x$; (car dans l'Equation x positif est plus petit que l'unité.) Et j'ai $\frac{\dot{y}}{\dot{x}} = \frac{1}{\sqrt{1 - x}} + \frac{1}{1 - x} - \sqrt{1 - x}$. Mais le Terme $\frac{1}{1 - x}$ produit $1 + x + x^2 + x^3$, &c. & le Terme $\sqrt{1 - x}$ est égal à $1 - \frac{1}{2}x - \frac{1}{8}x^2 - \frac{1}{16}x^3$, &c. & par conséquent $\frac{1}{\sqrt{1 + x}} =$

I

$\frac{1}{1 - \frac{1}{2}x - \frac{1}{6}x^2, \&c.}$ ou par la Division $= 1 + \frac{1}{2}x + \frac{5}{6}x^2$, &c. Donc en substituant toutes ces Valeurs j'aurai $\frac{\dot{y}}{\dot{x}} = 1 + 2x + \frac{1}{2}x^2 + \frac{37}{16}x^3$, &c. Et par la Regle prescrite $y = x + x^2 + \frac{1}{6}x^3 + \frac{37}{64}x^4$, &c. Et ainsi des autres.

XXVIII. Cette Transmutation de la Quantité Fluente peut dans d'autres Cas quelquefois réduire l'Equation à une meilleure forme, comme si on proposoit $\frac{\dot{y}}{\dot{x}} = \frac{c^2x}{c^3 - 3c^2x + 3cx^2 - x^3}$, au lieu de x j'écrirois $c - x$, & j'aurois $\frac{\dot{y}}{\dot{x}} = \frac{c^3 - c^2x}{x^3}$ ou $= \frac{c^3}{x^3} - \frac{c^2}{x^2}$ ce qui donne $y = -\frac{c^3}{2x^2} + \frac{c^2}{x}$. Mais on sentira mieux encore l'usage de ces Transmutation dans la suite.

Solution du second Cas.

XXIX. Préparation. Lorsque les deux Fluentes se trouvent dans l'Equation, il faut d'abord la réduire à la forme prescrite en égalant le Raport des Fluxions à une somme de Termes simples.

XXX. Et outre cela, si dans l'Equation ainsi réduite il se trouve quelques Termes divisés par la Quantité Fluente, il faut changer cette Quantité Fluente comme nous l'avons fait.

XXXI. Ainsi l'Equation $\dot{y}ax - \dot{x}xy - aa\dot{x} = 0$ étant proposé, ou $\frac{\dot{y}}{\dot{x}} = \frac{y}{a} + \frac{a}{x}$; à cause du Terme $\frac{a}{x}$, je prends b à volonté, & au lieu de x j'écris $b + x$, ou $b - x$, ou $x - b$. En écrivant $b + x$, j'ai $\frac{\dot{y}}{\dot{x}} = \frac{y}{a} + \frac{a}{b + x}$, & convertissant $\frac{a}{b + x}$ en suite infinie, j'ai $\frac{\dot{y}}{\dot{x}} = \frac{y}{a} + \frac{a}{b} - \frac{ax}{b^2} + \frac{ax^2}{b^3} - \frac{ax^3}{b^4}$, &c.

XXXII. Et de même si on proposoit l'Equation $\frac{\dot{y}}{\dot{x}} = 3y - 2x + \frac{x}{y} - \frac{2y}{xx}$ je mettrois pour y & pour x, $1 - y$, & $1 - x$ à cause des Termes $\frac{x}{y}$ & $\frac{2y}{xx}$, ce qui me donneroit $\frac{\dot{y}}{\dot{x}} = 1 - 3y + 2x +$

$\frac{1-x}{1-y} + \frac{2y-2}{1-2x+x^2}$. Mais $\frac{1-x}{1-y} = 1 - x + y - xy + y^2 - xy^2 + y^3 - xy^3$, &c. Et $\frac{2y-2}{1-2x+x^2} = 2y - 2 + 4xy - 4x + 6x^2y - 6x^2 + 8x^3y - 8x^3 + 10x^4y - 10x^4$, &c. Donc $\frac{\dot{y}}{\dot{x}} = -3x + 3xy + y^2 - xy^2 + y^3 - xy^3$, &c. $+ 6x^2y - 6x^2 + 8x^3y - 8x^3 + 10x^4y - 10x^4$, &c.

XXXIII. Regle. Vous préparerez ainsi votre Equation lorsque cela sera nécessaire, & vous en disposerez les Termes selon les Dimensions des Quantités Fluentes, en mettant d'abord ceux qui ne sont pas affectés de la Quantité Relative; puis ceux qui sont affectés par les plus petites Dimensions & ainsi de suite. Et de la même façon vous disposerez aussi les Termes dans chacune de ces Classes, suivant les Dimensions de la Quantité Correlative, & vous écrirez de suite de gauche à droite les Termes de la premiere Classe, c'est-à-dire, ceux qui ne sont point affectés de la Quantité Relative, & vous mettrez le reste dans une Colomne à main gauche en forme de Serie descendante comme vous le voyez dans la Figure. Après cette premiere Opération vous multiplierez le premier ou le plus bas des Termes de la premiere Classe par la Quantité Correlative, & vous diviserez le produit par le nombre des Dimensions, ce que vous écrirez au Quotient pour le premier Terme de la Valeur de la Quantité Relative. Puis substituant au lieu de la Quantité Relative cette Valeur dans les Termes de la Colomne à main gauche, vous procederez de la même façon pour tirer des plus bas Termes suivants un second Terme pour le Quotient. Et en répétant ainsi l'Opération, vous continuerez le Quotient jusqu'au nombre de Termes que vous souhaiterez; tout ceci s'éclaircira par un Exemple ou deux.

XXXIV. Exemple. Soit proposée l'Equation $\frac{\dot{y}}{\dot{x}} = 1 - 3x + y + x^2 + xy$, j'écris de suite & de gauche à droite dans une ligne au-dessus les Termes $1 - 3x + x^2$, qui ne sont pas affectés de la Quantité Relative y; & j'écris le reste y & xy dans une Colomne à main gauche. Et d'abord je multiplie le premier Terme 1 par la Quantité Correlative x, & divisant le produit $1x$ ou x par le nombre 1 des Dimensions, j'écris $\frac{x}{1}$ ou simplement x dans le Quotient au-dessous; puis au lieu de y substituant cette Valeur dans

	$+1-3x+xx$
$+y$ $+xy$	$* + x - xx + \frac{1}{3}x^3 - \frac{1}{6}x^4 + \frac{1}{30}x^5$, &c. $* \quad * + xx - x^3 + \frac{1}{3}x^4 - \frac{1}{6}x^5 + \frac{1}{30}x^6$, &c.
Somme	$1-2x+xx-\frac{2}{3}x^3+\frac{1}{6}x^4-\frac{4}{30}x^5$, &c.
$y =$	$x-xx+\frac{1}{3}x^3-\frac{1}{6}x^4+\frac{1}{30}x^5-\frac{1}{45}x^6$, &c.

les Termes $+y$ & $+xy$ de la Colomne à main gauche, j'ai $+x$ & $+xx$, que j'écris vis-à-vis & à main droite : ensuite je prends dans ce qui reste les Termes les plus bas $-3x$ & $+x$, dont la Somme $-2x$ multipliés par x devient $-2xx$, qui divisé par le nombre 2 des Dimensions donne $-xx$ pour le second Terme de la Valeur de y dans le Quotient. Prenant donc ce Terme & le substituant au lieu de y, j'ai $-xx$ & $-x^3$ qu'il faut ajouter respectivement aux Termes $+x$ & $+xx$, écris vis-à-vis de y & yx. Je prends de même les plus bas Termes $+xx-xx+xx$, de la Somme xx desquels &c. je tire le troisiéme Terme $+\frac{1}{3}x^3$, de la Valeur de y, & après l'avoir substitué &c. je tire des plus bas Termes $\frac{1}{3}x^3$ & $-x^3$; le quatriéme Terme $-\frac{1}{6}x^4$. Ce que l'on peut continuer aussi long-tems qu'on le jugera à propos.

XXXV. Exemple II. De même si vous vouliez déterminer la Relation de x & y dans l'Equation $\frac{\dot{y}}{\dot{x}} = 1 + \frac{y}{a} + \frac{xy}{a^2} + \frac{x^2y}{a^3} + \frac{x^3y}{a^4}$, &c. dans laquelle je suppose cette suite continuée à l'infini ; il faudroit écrire 1 au commencement & les autres Termes dans la Colomne à main gauche & opérer ensuite comme vous voyez.

	$+1$
$+\frac{y}{a}$	$* + \frac{x}{a} + \frac{x^2}{2a^2} + \frac{x^3}{2a^3} + \frac{x^4}{2a^4} + \frac{x^5}{2a^5}$, &c.
$+\frac{xy}{a^2}$	$* \quad * + \frac{x^2}{a^2} + \frac{x^3}{2a^3} + \frac{x^4}{2a^4} + \frac{x^5}{2a^5}$, &c.
$+\frac{x^2y}{a^3}$	$* \quad * \quad * + \frac{x^3}{a^3} + \frac{x^4}{2a^4} + \frac{x^5}{2a^5}$, &c.
$+\frac{x^3y}{a^4}$	$* \quad * \quad * \quad * + \frac{x^4}{a^4} + \frac{x^5}{2a^5}$, &c.
$+\frac{x^4y}{a^5}$	$* \quad * \quad * \quad * \quad * + \frac{x^5}{a^5}$, &c.
&c.	
Somme	$1 + \frac{x}{a} + \frac{3x^2}{2a^2} + \frac{2x^3}{a^3} + \frac{5x^4}{2a^4} + \frac{3x^5}{a^5}$, &c.
$y =$	$x + \frac{x^2}{2a} + \frac{x^3}{2a^2} + \frac{x^4}{2a^3} + \frac{x^5}{2a^4} + \frac{x^6}{2a^5}$, &c.

XXXVI. Comme je n'ai eu intention de tirer la Valeur de y que jusqu'à la sixiéme Dimension de x, j'ai omis dans l'Opération tous les Termes dont j'ai prévû l'inutilité dans mon dessein.

XXXVII. Exemple III. Je suppose qu'on ait l'Equation $\frac{y}{x} = -3x + 3xy + y^2 - xy^2 + y^3 - xy^3 + y^4 - xy^4$, &c. $+ 6x^2y - 6x^2 + 8x^3y - 8x^3 + 10x^4y - 10x^4$, &c. dont on veuille tirer la Valeur de y jusqu'à la septiéme Dimension de x. Il faut placer les Termes dans l'ordre que j'ai prescrit, seulement on observera de plus que dans la Colomne à gauche y étant de plusieurs Dimensions successives, il faut aussi l'écrire & lui substituer des Valeurs comme on le voit ici.

	$-3x$	$-6x^2$	$-8x^3$	$-10x^4$	$-12x^5$	$-14x^6$	, &c.
$+3xy$	*	*	$-\frac{9}{2}x^3$	$-6x^4$	$-\frac{75}{8}x^5$	$-\frac{273}{10}x^6$	, &c.
$+6x^2y$	*	*	*	$-9x^4$	$-12x^5$	$-\frac{75}{4}x^6$	, &c.
$+8x^3y$	*	*	*	*	$-12x^5$	$-16x^6$	, &c.
$+10x^4y$	*	*	*	*	*	$-15x^6$	, &c.
&c.							
$+y^2$	*	*	*	$+\frac{9}{4}x^4$	$+6x^5$	$+\frac{107}{8}x^6$	, &c.
$-xy^2$	*	*	*	*	$-\frac{9}{4}x^5$	$-6x^6$	, &c.
&c.							
$+y^3$	*	*	*	*	*	$-\frac{27}{8}x^6$	, &c.
Somme	$-3x$	$-6x^2$	$-\frac{25}{2}x^3$	$-\frac{91}{4}x^4$	$-\frac{333}{8}x^5$	$-\frac{367}{5}x^6$	, &c.
$y =$		$-\frac{3}{2}x^2$	$-2x^3$	$-\frac{25}{8}x^4$	$-\frac{91}{20}x^5$	$-\frac{111}{16}x^6$	$-\frac{367}{35}x^7$, &c.
$y^2 =$				$+\frac{9}{4}x^4$	$+6x^5$	$+\frac{107}{8}x^6$	, &c.
$y^3 =$						$-\frac{27}{8}x^6$	, &c.

Il vient à la fin $y = -\frac{3}{2}x^2 - 6x^3 - \frac{25}{8}x^4$, &c. pour l'Equation cherchée ; & comme cette Valeur eſt négative, il faut en conclure que l'une des Quantités x & y diminuë, tandis que l'autre augmente. C'eſt la même choſe quand l'une des Fluxions eſt poſitive & l'autre négative.

XXXVIII. Exemple IV. Lorſque la Quantité Relative de l'Equation aura des Dimenſions rompuës, vous ne laiſſerez pas que d'opérer de la même façon, comme pour tirer la Valeur de x de cette Equation, $\frac{\dot{x}}{\dot{y}} = \frac{1}{2}y - 4y^2 + 2yx^{\frac{1}{2}} - \frac{4}{5}x^2 + 7y^{\frac{1}{2}} + 2y^{\frac{3}{2}}$

	$+\frac{1}{2}y \quad * \quad -4y^2 + 7y^{\frac{5}{2}} + 2y^3$
$2yx^{\frac{1}{2}}$	$* \quad * \quad +y^2 \quad * \quad -2y^3 + 4y^{\frac{7}{2}} - 2y^4$, &c.
$-\frac{4}{5}x^2$	$* \quad * \quad * \quad * \quad * \quad * \quad -\frac{1}{20}y^4$, &c.
Somme	$+\frac{1}{2}y \quad * \quad -3y^2 + 7y^{\frac{5}{2}} \quad * \quad +4y^{\frac{7}{2}} - \frac{41}{10}y^4$, &c.
$x =$	$+\frac{1}{4}y^2 - y^3 + 2y^{\frac{7}{2}} \quad * \quad +\frac{8}{9}y^2 - \frac{41}{100}y^5$, &c.
$x^{\frac{1}{2}} =$	$+\frac{1}{2}y - y^2 + 2y^{\frac{5}{2}} - y^3$, &c.
$x^2 =$	$\frac{1}{16}y^4$, &c.

ou il se trouve un Terme $2yx^{\frac{1}{2}}$ d'une Dimension rompuë $\frac{1}{2}$ de x ; je cherche d'abord la Valeur de x, & de cette Valeur en extraïant la Racine quarrée, je tire la Valeur de $x^{\frac{1}{2}}$ & je la transporte aussi par degrés dans la Colomne à main gauche, comme l'on peut voir ci-dessus, & à la fin j'ai l'Equation $x = \frac{1}{4}y^2 - y^3 + 2y^{\frac{7}{2}} + \frac{8}{9}y^2 - \frac{41}{100}y^5$, &c. qui exprime indéfiniment la Valeur de x par raport à y. Vous opérerez de même dans tous les autres cas semblables.

XXXIX. J'ai dit que ces Résolutions d'Equations pouvoient se faire d'une infinité de manieres differentes. En effet, si vous prenez non seulement le premier Terme de la suite supérieure ; mais telle autre Quantité donnée que vous voudrez pour le premier Terme du Quotient & que vous opériez comme ci-dessus, vous en viendrez toujours à bout ; ainsi dans le premier des Exemples précédens si vous prenez 1 pour le premier Terme de la Valeur de y, & qu'après l'avoir substitué au lieu de y dans les Termes $+y$ & $+xy$ de la Colomne à main gauche, vous suiviez l'Opération il viendra une autre Valeur de y qui sera $1 + 2x + x^3 + \frac{1}{4}x^4$, &c.

	$+1 - 3x + xx$
$+y$	$+1 + 2x \quad * \quad +x^3 + \frac{1}{4}x^4$, &c.
$+xy$	$* \quad +x + 2x^2 \quad * \quad +x^4$, &c.
Somme	$+2 \quad * \quad +3x^2 + x^3 + \frac{1}{4}x^4$, &c.
$y =$	$1 + 2x \quad * \quad +x^3 + \frac{3}{4}x^4 + \frac{1}{4}x^5$, &c.

Et de cette façon vous pourrez avoir d'autres Valeurs en prenant 2, ou 3, ou un autre nombre quelconque pour le premier Terme. Ou bien en vous servant d'un Symbole quelconque comme a, pour représenter le premier Terme, vous trouverez $y = a + x + ax - xx + axx + \frac{1}{3}x^3 + \frac{2}{3}ax^3$, ou substituant pour a les Nombres 1, 2, 0, $\frac{1}{2}$, ou tout autre Nombre, vous pourrez avoir la Relation entre x & y d'une infinité de façons differentes.

	$+ 1 - 3x + xx$
$+ y$ $+ xy$	$+ a + x - xx + \frac{1}{3}x^3$, &c. $+ ax + ax^2 + \frac{2}{3}ax^3$, &c. * $+ ax + x^2 - x^3$, &c. $+ ax^2 + ax^3$, &c.
Somme	$+ 1 - 2x + x^2 - \frac{2}{3}x^3$, &c. $+ a + 2ax + 2ax^2 + \frac{5}{3}ax^3$, &c.
$y =$	$a + x - x^2 + \frac{1}{3}x^3 - \frac{1}{6}x^4$, &c. $+ ax + ax^2 + \frac{2}{3}ax^3 + \frac{5}{12}ax^4$, &c.

XL. Et vous observerez dans le cas où la Quantité est affectée d'une Dimension rompuë, comme dans l'Exemple 4. qu'il convient alors de prendre l'unité ou quelque Nombre pour le premier Terme, & même cela devient nécessaire quand pour avoir la Valeur de cette Dimension rompuë l'on ne peut tirer autrement la Racine, & cela à cause du Signe négatif; comme aussi lorsqu'il n'y a aucun Terme qu'on puisse mettre dans la premiere Classe au-dessus, pour en tirer le premier Terme du Quotient.

XLI. Ainsi j'ai donc achevé ce Problême épineux & le plus difficile de tous les Problêmes; mais outre cette Méthode générale dans laquelle j'ai compris toutes les Difficultés, il y en a d'autres particulieres plus courtes & qui facilitent quelquefois l'Opération; le Lecteur ne sera pas fâché d'en voir ici quelques essais.

XLII. 1. Si la Quantité se trouve être d'une Dimension négative dans quelques Termes, il ne sera pas absolument nécessaire pour cela de réduire l'Equation à une autre forme. Par Exemple, je pourrois réduire à une autre forme l'Equation $\dot{y} = \frac{1}{y} - xx$ en ſuppoſant $1 + y$ au lieu de y ; mais il ſera plus court d'opérer comme vous voyez.

	$* \quad * - xx$
$\frac{1}{y}$	$1 - x + \frac{3}{2}xx$, &c.
Somme	$1 - x + \frac{1}{2}xx$, &c.
$y =$	$1 + x - \frac{1}{2}xx + \frac{1}{6}x^3$, &c.
$\frac{1}{y} =$	$1 - x + \frac{3}{2}xx$, &c.

XLIII. Je prends 1 pour le premier Terme de la Valeur de y ; je tire le reſte des Termes comme ci-devant, & en même temps j'en déduis par degrés & par la Diviſion la Valeur de $\frac{1}{y}$ & je la fais entrer dans la Valeur du Terme qui eſt dans la Colomne à main gauche.

XLIV. 2. Il n'eſt pas toujours néceſſaire auſſi que les Dimenſions de l'autre Quantité Fluente ſoient toujours poſitives, car de l'Equation $\dot{y} = 3 + 2y - \frac{yy}{x}$, on tirera $y = 3x - \frac{1}{2}xx + 2x^3$, &c. ſans la Réduction du Terme $\frac{yy}{x}$.

XLV. Et l'Equation $\dot{y} = -y + \frac{1}{x} - \frac{1}{xx}$ donnera $y = \frac{1}{x}$ en faiſant l'Opération comme vous la voyez.

	$* - \frac{1}{xx} + \frac{1}{x}$
$-y$	$* - \frac{1}{x}$
Somme	$-\frac{1}{xx} \quad 0$
$y =$	$\frac{1}{x}$

XLVI.

XLVI. On peut obſerver en paſſant que dans le nombre infini de manieres dont on peut réſoudre cette Equation, il s'en trouve ſouvent qui déterminent en Termes finis la Valeur de la Quantité, & cela en ſe terminant tout d'un coup comme dans l'Exemple précédent ; il n'eſt pas même difficile de trouver ces façons en prenant quelque Symbole pour le premier Terme, & en lui donnant après la Solution quelque Valeur convenable qui puiſſe rendre finie la ſuite entiere.

XLVII. 3. On peut encore aſſez facilement & ſans aucune Réduction du Terme $\frac{y}{2x}$ tirer la Valeur de y de l'Equation $\dot{y} = \frac{y}{2x} + 1 - 2x + \frac{1}{2}xx$. Et cela en ſuppoſant à la maniere des Analyſtes que ce qu'on cherche eſt donné. Ainſi pour le premier Terme de la Valeur de y je mets $2ex$, prenant $2e$ pour le Cœfficient numérique inconnu. Je ſubſtitue dans la Colomne à main gauche $2ex$ au lieu de y, il vient e que j'écris à main droite & la Somme $1 + e$ donne $x + ex$, pour le même premier Terme de y que j'avois d'abord repreſenté par $2ex$; je fais donc $2ex = x + ex$, & j'ai $e = 1$, donc le premier Terme de la Valeur de y eſt $2x$. Je me ſers de même d'un Terme ſuppoſé $2fx^2$ pour repréſenter le ſecond Terme de la Valeur de y, & à la fin j'en tire $-\frac{2}{3}$ pour la Valeur de f, ainſi le ſecond Terme eſt $-\frac{4}{3}xx$; de même le Cœfficient ſuppoſé g dans le troiſiéme Terme donnera $\frac{1}{10}$; & h dans le quatriéme Terme ſera zero, ce qui marque qu'il n'y a plus d'autres Termes, que l'Opération ſe termine là, & que par conſéquent la Valeur de y eſt exactement $2x - \frac{4}{3}x^2 + \frac{1}{5}x^3$. Voyez ici l'Opération.

	$1 - 2x + \frac{1}{2}xx$
$\frac{y}{2x}$	$e + fx + gxx + hx^3$
Somme	$+1 - 2x + \frac{1}{2}xx$ $+e + fx + gx^2 + hx^3$
par Hypothese $y =$	$2ex + 2fx^2 + 2gx^3 + 2hx^4$
	‖ ‖ ‖ ‖
par Conséquent $y =$	$+x - x^2 + \frac{1}{6}x^3 + \frac{1}{4}hx^4$ $+ex + \frac{1}{2}fx^2 + \frac{2}{3}gx^3$
Donc Valeur réelle de $y =$	$2x - \frac{4}{3}x^2 + \frac{1}{7}x^3$

XLVIII. De la même maniere à peu près nous supposerons dans l'Equation $\dot{y} = \frac{3y}{4x}$ que y est égal à ex^s ; e marque le Cœfficient inconnu, & s le nombre de Dimensions qui est aussi inconnu. Substituons ex^s au lieu de y, nous aurons $\dot{y} = \frac{3ex^{s-1}}{4}$ & de la $\dot{y} = \frac{3ex^s}{4s}$. Comparons ces deux Valeurs de y, & nous trouverons $\frac{3e}{4s} = e$, d'où $s = \frac{3}{4}$, & e sera indéterminée ; l'on aura donc $y = ex^{\frac{3}{4}}$, & on pourra donner à e une Valeur à volonté.

XLIX. 4. On peut quelquefois commencer l'Opération par la plus haute puissance de la Quantité, en descendant continuellement aux puissances inférieures comme dans cette Equation $\dot{y} = \frac{y}{xx} + \frac{1}{xx} + 3 + 2x - \frac{4}{x}$; car en disposant les Termes d'une façon contraire & commençant par le plus haut Terme, on trouve à la fin $y = xx + 4x - \frac{1}{x}$, &c. comme vous le voyez.

	$+ 2x + 3 - \frac{4}{x} + \frac{1}{xx}$
$+ \frac{y}{xx}$	$* \quad + 1 + \frac{4}{x} \quad * - \frac{1}{x^3} + \frac{1}{2x^4}$,
Somme	$+ 2x + 4 \quad * + \frac{1}{xx} - \frac{1}{x^3} + \frac{1}{2x^4}$,
$y =$	$x^2 + 4x \quad * - \frac{1}{x} + \frac{1}{2x^2} + \frac{1}{6x^3}$,

L. On a peut-être remarqué en faisant l'Opération que j'aurois pû mettre entre les Termes $4x$ & $- \frac{1}{x}$, telle Quantité donnée que j'aurois voulu pour tenir lieu du Terme intermédiaire qui manque, ce qui peut donc produire une infinité de Valeurs differentes pour y.

LI. 4. Si la Quantité Relative a des Dimensions rompuës, on peut les réduire à des Dimensions entieres en la supposant égale à une autre Quantité, & en substituant cette nouvelle Quantité & sa Fluxion au lieu de la Quantité Relative & de sa Fluxion.

LII. Comme si l'on proposoit l'Equation $\dot{y} = 3xy^{\frac{1}{3}} + y$, ou la Quantité Relative y est élevée à l'Exposant rompu $\frac{1}{3}$; je supposerois $y^{\frac{1}{3}} = z$, ou $y = z^3$; la Relation des Fluxions sera $\dot{y} = 3\dot{z}z^2$; ainsi en substituant j'aurai $3\dot{z}z^2 = 3xz^2 + z^3$, ou $\dot{z} = x + \frac{1}{3}z$, dans laquelle Equation z tient lieu de la Quantité Relative; mais après avoir tiré la Valeur de $z = \frac{1}{2}x^2 + \frac{x^3}{18} + \frac{x^4}{216} + \frac{x^5}{3240}$, &c. je restitue $y^{\frac{1}{3}}$ au lieu de z, & j'ai $y^{\frac{1}{3}} = \frac{1}{2}x^2 + \frac{1}{18}x^3 + \frac{1}{216}x^4 + \frac{1}{3240}x^5$, &c. ou en Cubant $y = \frac{1}{8}x^6 + \frac{1}{24}x^7 + \frac{1}{288}x^8$, &c.

LIII. De même dans l'Equation $\dot{y} = \sqrt{4y} + \sqrt{xy}$, ou $\dot{y} = 2y^{\frac{1}{2}} + x^{\frac{1}{2}}y^{\frac{1}{2}}$; je fais $z = y^{\frac{1}{2}}$, ou $zz = y$, & j'ai $2\dot{z}z = \dot{y}$, & par conséquent $2\dot{z}z = 2z + x^{\frac{1}{2}}z$, ou $\dot{z} = 1 + \frac{1}{2}x^{\frac{1}{2}}$. Donc $z = x + \frac{1}{3}x^{\frac{3}{2}} = y^{\frac{1}{2}}$, ou $y = xx + \frac{2}{3}x^{\frac{5}{2}} + \frac{1}{9}x^3$. Si je voulois avoir la Valeur de y par un nombre infini de manieres differentes, je ferois $z = c + x + \frac{2}{3}x^{\frac{3}{2}}$, prenant un premier Terme quelconque c, car alors zz, ou y feroit $= c^2 + 2cx + \frac{4}{3}cx^{\frac{3}{2}} + x^2 + \frac{4}{3}x^{\frac{5}{2}} + \frac{4}{9}x^3$. Mais j'entre peut-être ici dans un trop grand détail, & je m'arrête trop long-tems à parler de choses qui ne viendront que rarement à être mises en pratique.

Solution du troisiéme Cas.

LIV. Nous viendrons maintenant aisément à bout du troisiéme Cas ; sçavoir, lorsque l'Equation renferme trois ou plus de trois Fluxions de Quantités. Car si la Relation de deux de ces Quantités n'est pas déterminé par l'état de la Question, on peut à volonté leur supposer une Relation quelconque, & de là tirer le Raport de leur Fluxions, ce qui donnera le moyen de faire évanoüir l'une de ces Quantités & sa Fluxion. S'il n'y a donc que les Fluxions de trois Quantités, il ne faudra supposer qu'une Equation ; mais s'il y a quatre Fluxions il faudra deux Equations, & ainsi de suite afin qu'en tous les Cas l'Equation soit renfermée dans un autre qui ne contienne que deux Fluxions, d'où vous tirerez toujours le Raport des Quantités Fluentes par les Méthodes que nous avons données ci-devant.

LV. Soit proposée l'Equation $2\dot{x} - \dot{z} + \dot{y}x = 0$; qui contient les Fluxions $\dot{x}$, $\dot{z}$, $\dot{y}$ des Quantités x, z, y, dont on demande les Raports. Je forme à volonté un Raport entre deux de ces Quantités à mon choix, par exemple entre x & y en supposant $x = y$, ou $x = yy$; ou bien entre y & z en supposant $2y = a + z$, &c. Mais dans le Cas présent je m'arrête au Raport $x = yy$, qui me donne $\dot{x} = 2\dot{y}y$. Substituant donc $2\dot{y}y$ pour $\dot{x}$, j'aurai $4\dot{y}y - \dot{z} + \dot{y}y^2 = 0$, d'où l'on tire $2yy + \frac{1}{3}y^3 = z$, pour le Raport de z & de y. Et en écrivant x pour yy, & $x^{\frac{3}{2}}$ pour y^3, on aura $2x + \frac{1}{3}x^{\frac{3}{2}} = z$. Ainsi dans le nombre infini de manieres de trouver les Relations que peuvent avoir x, y & z, nous en avons choisis une qui est représentée par ces Equations $x = yy$, $2y^2 + \frac{1}{3}y^3 = z$, & $2x + \frac{1}{3}x^{\frac{3}{2}} = z$.

Démonstration.

LVI. Le Problême est donc résolu, mais la Démonstration reste & n'est pas aisée à trouver par la Synthese; la matiere est trop compliquée & trop variée pour qu'on doive se servir de cette Méthode, qui au lieu d'éclaircir jetteroit ici de l'obscurité; ainsi l'on se contentera de l'atteindre par l'Analyse en cherchant tout simplement si de l'Equation trouvée on peut revenir à l'Equation proposée, ce qui prouvera assez que la Méthode est sûre.

LVII. Si donc l'Equation proposée est $\dot{y} = x$, l'Equation trouvée est $y = \frac{1}{2}x^2$; laquelle Equation par le Prob. 1. donne $\dot{y} = x\dot{x}$, ce qui en supposant $\dot{x} = 1$, revient à notre Equation proposée $\dot{y} = x$. Et de même de l'Equation $\dot{y} = 1 - 3x + y + xx + xy$ on tire $y = x - x^2 + \frac{1}{3}x^3 - \frac{1}{6}x^4 + \frac{1}{30}x^5 - \frac{1}{45}x^6$, &c. Et de celle-ci par le Prob. 1. on tire $\dot{y} = 1 - 2x + x^2 - \frac{2}{3}x^3 + \frac{1}{6}x^4 - \frac{2}{15}x^5$, &c. Et l'on voit que ces deux Valeurs de $\dot{y}$ conviennent ensemble en substituant dans la premiere Valeur $x - xx + \frac{1}{3}x^3 - \frac{1}{6}x^4 + \frac{1}{30}x^5$, &c. au lieu de y.

LVIII. Dans la Réduction des Equations j'ai fait usage d'une Opération dont il est à propos de donner la raison. C'est la Transmutation d'une Quantité Fluente en une autre Quantité composée d'une Quantité donnée, & de cette Quantité Fluente pour expliquer ceci soient AE & *ae* deux Lignes indéfiniment étenduës des deux côtés, sur lesquelles deux Points se meuvent & arrivent en même tems en A & *a*, B & *b*, C & *c*, D & *d*, &c. Supposons que B soit le Point par la distance duquel se mesure & s'estime le Mouvement du Point en AE, de sorte que — BA, BC, BD, BE, soient successivement les Quantités Fluentes, quand le Point qui se meut se trouve successivement en A, C, D, E. De même supposons que *b* soit un pareil Point pris dans l'autre Ligne; alors — BA & — *ba* seront les Fluentes contemporaines, comme aussi BC & *bc*, BD & *bd*, BE & *be*. Mais si au lieu des Points B

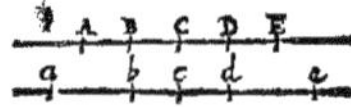

& b, on prenoit les Points A & c, comme les Points de Repos ausquels on dût rapporter les Mouvemens ; alors o & $-ca$, AB & $-cb$, AC & o, AD & cd, AE & ce, feront les Fluentes contemporaines ; on voit donc que les Quantités Fluentes sont changées par l'Addition & la Soustraction des Quantités données AB & ac ; mais qu'elles ne sont point changées eu égard à la Vitesse de leur Mouvement, & par conséquent le Raport mutuel des Fluxions reste le même, car les Parties contemporaines AB & ab, BC & bc, CD & cd, DE & de, sont de même longueur dans les deux Cas : Ainsi dans les Equations on peut augmenter ou diminuer d'une Quantité donnée la grandeur absoluë des Quantités Fluentes qu'elles contiennent sans changer le Raport de leurs Parties contemporaines ; & le seul but du Problême de l'invention des Fluentes est de déterminer les Parties ou Differences contemporaines des Quantités absoluës v, x, y, ou z, par la Loi donnée de leur Mouvement de Fluxion, qui est toujours la même de quelque grandeur absoluë que soient ces Quantités.

LIX. On peut aussi faire concevoir ceci par Symboles. Soit l'Equation $\dot{y} = \dot{x}xy$, je suppose $x = 1 + z$ donc $\dot{x} = \dot{z}$; ainsi au lieu de $\dot{y} = \dot{x}xy$, j'aurai $\dot{y} = \dot{x}y + \dot{x}zy$; mais puisque $\dot{x} = \dot{z}$, il est évident que quoique les Quantités x & z ne soient pas de même longueur, elles Fluent cependant de même à l'égard de y, & que leurs Parties contemporaines sont égales ; je puis donc représenter par les mêmes Symboles les Quantités qui conviennent ensemble par le Raport de leurs Fluxions, & me servir de $\dot{y} = \dot{x}y + \dot{x}xy$, au lieu de $\dot{y} = \dot{x}xy$, pour déterminer les Differences contemporaines.

LX. On voit bien comment dans une Equation qui ne contient que des Quantités Fluentes, on peut trouver les Parties contemporaines ; par Exemple, si l'Equation est $y = \frac{1}{x} + x$; lorsque $x = 2$, $y = 2\frac{1}{2}$; mais lorsque $x = 3$, $y = 3\frac{1}{3}$. Ainsi tandis que x flue de 2 à 3, y flue de $2\frac{1}{2}$ à $3\frac{1}{3}$. Et les Parties contemporaines, c'est-à-dire décrites pendant cet intervale de tems sont $3 - 2 = 1$, & $3\frac{1}{3} - 2\frac{1}{2} = \frac{5}{6}$.

LXI. Tout ce que j'ai établi ci-devant se verra dans la suite de ce Traité, où je vais donner des Problêmes plus particuliers que les précédens.

PROBLEME III.

Déterminer les Maxima *& les* Minima *des Quantités.*

I. UNE Quantité qui est devenuë la plus grande ou la moindre qu'il se peut, n'augmente ni ne diminuë, c'est-à-dire, ne flue ni en avant ni en arriere dans cet instant ; car si elle augmente, c'est une marque qu'elle étoit plus petite & que tout à l'heure elle va être plus grande qu'elle n'étoit, ce qui est contre la supposition, & c'est le contraire si elle diminue. Ainsi trouvez sa Fluxion par le Prob. 1. & supposez la égale à zero.

II. EXEMPLE. 1. Si l'on demande la plus grande Valeur de x dans l'Equation $x^3 - ax^2 + axy - y^3 = 0$, cherchez la Relation des Fluxions de x & de y, & vous aurez $3\dot{x}x^2 - 2a\dot{x}x + a\dot{x}y - 3\dot{y}y^2 + a\dot{y}x = 0$. Faisant donc $\dot{x} = 0$, il reste $-3\dot{y}y^2 + a\dot{y}x = 0$, ou $3y^2 = ax$. Par le moyen de cette Equation vous pouvez exterminer x ou y dans l'Equation primitive, & par l'Equation qui en résultera vous déterminerez l'autre.

III. Cette Opération est la même que si vous aviez multiplié les Termes de l'Equation proposée par le nombre des Dimensions de l'autre Quantité Fluente y, d'où nous pouvons tirer la fameuse Régle de Hudde, *que pour avoir la plus grande ou la moindre Quantité Relative l'Equation doit être disposée suivant les Dimensions de la Quantité Correlative, & qu'on doit multiplier alors les Termes par une progression Arithmétique quelconque* ; mais comme ni cette Régle ni aucune de celles que l'on a publiées jusqu'à présent & qui soient venues à ma connoissance ne peuvent s'étendre aux Equations affectées de Quantités sourdes sans une Réduction précédente ; je vais donner un Exemple à ce sujet.

IV. EXEMPLE 2. Si l'on demande la plus grande Quantité y dans l'Equation $x^3 - ay^2 + \frac{by^3}{a+y} - xx\sqrt{ay + xx} = 0$, cherchez les Fluxions de x & de y, & vous aurez $3\dot{x}x^2 - 2a\dot{y}y + \frac{3ab\dot{y}y^2 + 2b\dot{y}y^3}{a^2 + 2ay + y^2} - \frac{4a\dot{x}xy + 6\dot{x}x^3 + a\dot{y}x^2}{2\sqrt{ay + xx}} = 0$. Et puisque par la supposition $\dot{y} = 0$, ôtez les Termes multipliés par $\dot{y}$, (ce qui pour abréger auroit pû se faire auparavant, c'est-à-dire, en faisant l'Opération,) divisés le reste par $\dot{x}x$, & vous n'aurez plus que $3x - \frac{2ay + 3xx}{\sqrt{ay + xx}} = 0$. Et après la Réduction $4ay + 3xx = 0$, au moyen de laquelle Equation vous exterminerez dans la proposée l'une ou l'autre des Quantités x ou y & de l'Equation Cubique qui en résultera, vous tirerez la Valeur de l'autre Quantité.

V. De ce Problême on tire la Solution des suivants.

1. *Dans un Triangle donné, ou dans un Segment d'une Courbe donnée quelconque inscrire le plus grand Rectangle.*

2. *Tirer la moindre ou la plus grande Ligne droite d'un Point donné à une Courbe donnée de position, ou bien tirer une Perpendiculaire d'un Point donné à une Courbe quelconque.*

3. *Par un Point donné faire passer la plus grande ou la moindre Ligne droite qui puisse être comprise entre deux autres Lignes droites ou Courbes.*

4. *D'un Point donné au-dedans d'une Parabole, tirer une Ligne droite qui coupe la Parabole plus obliquement qu'aucune autre. Faire le même dans les autres Courbes.*

5. *Déterminer les Sommets des Courbes, leurs plus grandes ou moindres Amplitudes, leurs Points d'intersection dans les révolutions.*

6. *Trouver les Points des Courbes où elles ont la plus grande ou la moindre Courbure.*

7. *Dans une Ellipse donnée trouver le plus petit Angle sous lequel les Ordonnées peuvent couper leurs Diametres.*

8. *Des Ellipses qui passent par quatre Points donnés, déterminer la plus grande ou celle qui approche le plus du Cercle.*

9. *Déterminer la partie postérieure d'une surface Spherique, qui peut être éclairée par la lumiere venant de loin & rompuë par l'Hemisphere antérieur.*

Et plusieurs autres Problêmes de semblables nature que l'on peut plus aisément proposer que résoudre, à cause du travail que demande le Calcul.

PROBLEMES

PROBLEME IV.

Tirer les Tangentes des Courbes.

PREMIERE MANIERE.

I. ON peut tirer les Tangentes différemment, selon les différentes Relations des Courbes aux Lignes droites, & premierement soit BD une Ligne droite Ordonnée sous un Angle donné à une autre Ligne droite AB, prise pour Base ou Abscisse, & soit BD terminée à une Courbe ED. Faites mouvoir cette Ordonnée & faites-lui parcourir un Espace indéfiniment petit & parvenir à *bd*. Elle aura augmenté du Moment *cd*, tandis que AB aura augmenté du Moment B*b*,

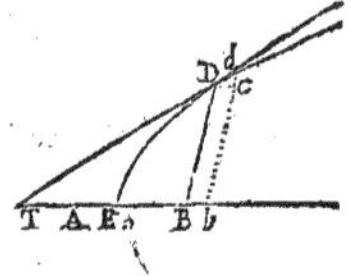

auquel D*c* est égal & parallele. Prolongés D*d* jusqu'à ce qu'elle rencontre AB en T, cette Ligne touchera la Courbe en D ou *d*, & les Triangles *dc*D, DBT seront semblables; ce qui donne TB : BD :: D*c* ou B*b* : *cd*.

II. La Relation de BD à AB est donnée par l'Equation à la Courbe; cherchez par le Prob. I. la Relation des Fluxions, & prenez TB à BD dans le Raport de la Fluxion de AB à la Fluxion de BD; la Ligne TD touchera la Courbe au Point D.

III. EXEMPLE. I. Nommant AB, x & BD, y, soit leur Raport $x^3 - ax^2 + axy - y^3 = 0$. Celui des Fluxions sera $3\dot{x}x^2 - 2a\dot{x}x + a\dot{x}y + a\dot{y}x - 3\dot{y}y^2 = 0$. Ainsi $\dot{x} : \dot{y} :: 3xx - 2ax + ay : 3y^2 - ax ::$ BD (y) : BT. Donc BT $= \frac{3y^3 - axy}{3x^2 - 2ax + ay}$. Et le Point D & de la les Lignes DB & AB ou x & y étant données, la longueur BT sera donnée, ce qui détermine la Tangente TD.

IV. Mais on peut abréger l'Opération; faites les Termes de l'Equation proposée égaux à zero, multipliez-les par les nombres des Dimensions de l'Ordonnée, & mettez le Résultat au Numerateur; multipliez ensuite les Termes de la même Equation par les nombres des Dimensions de l'Abcisse, & mettez le produit divisé par l'Abciffe au Dénominateur de la Valeur de BT, & prenez BT du côté de A, si sa Valeur est positive, & du côté opposé si sa Valeur est négative.

V. Ainsi l'Equation $\overset{0}{\underset{3}{x^3}} - \overset{0}{\underset{2}{ax^2}} + \overset{1}{\underset{1}{axy}} - \overset{3}{\underset{0}{y^3}} = 0$, étant multipliée par les Nombres du dessus, donne $axy - 3y^3$ pour le Numerateur; & multipliée par les Nombres de dessous & divisée par x, donne $3x^2 - 2ax + ay$ pour le Dénominateur de la Valeur de BT.

VI. Ainsi l'Equation $y^3 - by^2 - cdy + bcd + dxy = 0$, qui désigne une Parabole du second genre par le moyen de laquelle *Descartes* construisoit les Equations de six Dimensions, Voyez sa Géometrie *pag.* 42. *Edit. d'Amsterdam* 1659. donne à l'Inspection $\frac{3y^3 - 2by^2 - cdy + dxy}{dy}$, ou $\frac{3yy}{d} - \frac{2by}{d} - c + x = BT$.

VII. Et de même $a^2 - \frac{r}{q}x^2 - y^2 = 0$, qui désigne une Ellipse dont le Centre est A, donne $\frac{-2yy}{\frac{-2rx}{q}}$, ou $\frac{qyy}{rx} = BT$, & ainsi des autres.

VIII. Vous pouvez remarquer qu'il n'importe de quelle grandeur soit l'Angle d'Ordination ABD.

IX. Mais comme cette Régle ne peut s'étendre aux Equations affectées de Quantités sourdes, ou aux Courbes mécaniques; il faut dans ces Cas avoir recours à la Méthode fondamentale.

X. Exemple 2. Soit $x^3 - ay^2 + \frac{by^3}{a+y} - xx\sqrt{ay+xx} = 0$, l'Equation qui exprime la Relation entre AB & BD; la Relation des Fluxions sera $3\dot{x}x^2 - 2a\dot{y}y + \frac{3ab\dot{y}y^2 + 2b\dot{y}y^3}{aa+2ay+yy} - \frac{4a\dot{x}xy - 6\dot{x}x^3 - a\dot{y}x^2}{2\sqrt{ay+xx}} = 0$. Donc $3xx \frac{-4axy - 6x^3}{2\sqrt{ay+xx}} : 2ay \frac{-3abyy + 2by^3}{aa+2ay+yy} + \frac{axx}{2\sqrt{ay+xx}} :: \dot{y} : \dot{x} ::$ BD : BT.

II. Exemple 3. Soit ED la Conchoïde de *Nicodeme*, décrite du Pôle G, soit AT l'Asymptote & LD la Distance ou Ligne interceptée. Soit GA $= b$, LD $= c$, AB $= x$, & BD $= y$. A cause des Triangles semblables DBL & DMG, on aura LB :

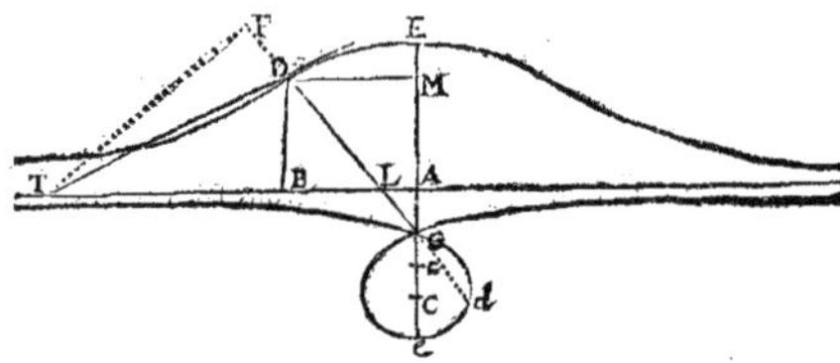

BD :: DM : MG ; c'est-à-dire, $\sqrt{cc - yy} : y :: x : b + y$, ou $\overline{b+y}\sqrt{cc - yy} = yx$. Dans cette Equation je suppose $\sqrt{cc - yy} = z$, & par là j'ai deux autres Equations $bz + yz = xy$, & $zz = cc - yy$, par le moyen desquelles je trouve les Fluxions de x, y & z ; car la premiere donne $b\dot{z} + \dot{y}z + \dot{z}y = \dot{x}y + \dot{y}x$, & la seconde $2z\dot{z} = -2y\dot{y}$, ou $z\dot{z} + y\dot{y} = 0$. En exterminant $\dot{z}$, on aura $-\frac{by\dot{y}}{z} - \frac{\dot{y}y^2}{z} + \dot{y}z = \dot{x}y + \dot{y}x$, qui étant réduite en proportion donne $y : z - \frac{by}{z} - \frac{yy}{z} - x :: \dot{y} : \dot{x} ::$ BD : BT. Mais comme BD est y, BT sera par conséquent $= z - x \cdot \frac{-by - yy}{z}$. C'est-à-dire, $-$ BT $=$ AL $+ \frac{BD \times GM}{BL}$; ou le Signe $-$ devant BT, désigne que le Point T doit être pris du côté opposé au Point A.

XII. Scholie. De là on voit comment on peut trouver le Point de la Conchoïde qui sépare la partie concave de la partie convexe ou le Point d'Inflexion ; car c'est au Point ou AT est un moindre. Faisant donc AT $= u$, puisque BT $= -z + x + \frac{by + yy}{z}$, u sera $= -z + 2x + \frac{by + yy}{z}$; pour abréger mettez $\frac{bz + yz}{y}$ au lieu de x, car cette Valeur se tire de ce qui précéde, & vous aurez

$\frac{2bz}{y} + z + \frac{by+yy}{z} = u$. Cherchez les Fluxions $\dot{u}$, $\dot{y}$ & $\dot{z}$, & supposez $\dot{u} = 0$, vous trouverez $\frac{2b\dot{z}}{y} - \frac{2b\dot{y}z}{yy} + \dot{z} + \frac{b\dot{y} + 2\dot{y}y}{z} - \frac{b\dot{z}y + \dot{z}yy}{zz} = \dot{u} = 0$. Enfin substituant $\frac{-\dot{y}y}{z}$ au lieu de $\dot{z}$, & $cc - yy$ au lieu de zz, vous aurez $y^3 + 3by^2 - 2bc^2 = 0$. Et la construction de cette Equation vous donnera y ou AM; le Point M étant donc déterminé, tirez MD parallele à AB, elle tombera sur le Point d'Inflection D.

XIII. Pour tirer les Tangentes des Courbes Mécaniques, il faut trouver les Fluxions comme nous l'avons fait dans l'Exemple V. du Problême 1. & faire le reste à l'ordinaire.

XIV. Exemple 4. Soient AC & AD deux Courbes coupées aux Points C & D par la Ligne droite BCD, appliquée à l'Abscisse AB sous un Angle donné, soit AB $= x$, BD $= y$, & $\frac{\text{l'Aire ACB}}{1} = z$. Par le Prob. 1. Préparat. à l'Exemp. 5. on aura $\dot{z} = \dot{x} \times$ BC.

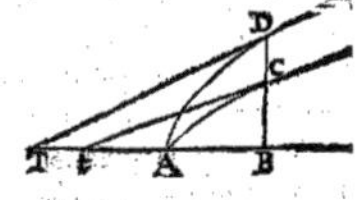

XV. Maintenant soit AC un Cercle ou une autre Courbe connuë, & pour la Courbe AD, soit une Equation quelconque affectée de z, comme $zz + axz = y^4$. Par le Prob. 1. $2\dot{z}z + a\dot{x}z + a\dot{z}x = 4\dot{y}y^3$, substituant $\dot{x} \times$ BC au lieu de $\dot{z}$, on aura $2\dot{x}z \times$ BC $+ a\dot{x}x \times$ BC $+ a\dot{x}z = 4\dot{y}y^3$, ou bien $2z \times$ BC $+ ax \times$ BC $+ az : 4y^3 :: \dot{y} : \dot{x} ::$ BD : BT. Si donc la nature de la Courbe AC est donnée, & aussi l'Ordonnée BC & l'Aire ACB ou z; le Point T qui détermine la Tangente sera aussi donné.

XVI. De même si l'Equation à la Courbe AD est $3z = 2y$; l'on aura $3\dot{z}$ ou $3\dot{x} \times$ BC $= 2\dot{y}$, ou 3BC : 2 :: $\dot{y} : \dot{x}$ :: BD : BT, & ainsi des autres.

XVII. Exemple 5. Soit AB $= x$, BD $= y$, comme auparavant, & soit la longueur d'une Courbe quelconque AC $= z$; en tirant à cette Courbe une Tangente comme Ct, on aura Bt : Ct :: $\dot{x} : \dot{z}$, ou $\dot{z} = \frac{\dot{x} \times \text{CT}}{\text{BT}}$.

XVIII. Maintenant soit une Equation quelconque affectée de

z; comme $z = y$ à la Courbe AD dont on veut tirer la Tangente ; on aura $\dot{z} = \dot{y}$, ainsi $Ct : Bt :: \dot{y} : \dot{x} ::$ BD : BT ; par le Point T on tirera donc la Tangente DT.

XIX. De même supposant $xz = yy$, on aura $\dot{x}z + \dot{z}x = 2\dot{y}y$, & mettant $\frac{\dot{x} \times Ct}{Bt}$ au lieu de $\dot{z}$, il viendra $\dot{x}z + \frac{\dot{x}x \times Ct}{Bt} = 2\dot{y}y$. D'où $z + \frac{x \times Ct}{Bt} : 2y ::$ BD : DT.

XX. Exemple 6. Soit AB un Cercle ou une autre Courbe connue dont la Tangente est Ct, & soit AD une autre Courbe quelconque dont il faut tirer la Tangente DT, & soit la Loi de cette Courbe AB = à l'Arc AC ; enfin CE & BD étant des Ordonnées à AB sous un Angle donné, soit le Raport de BD à CE ou à AE exprimé par une Equation quelconque.

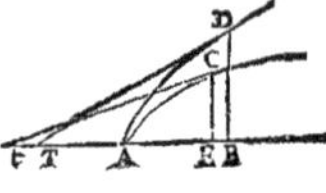

XXI. Nommez AB ou AC $= x$, BD $= y$, AE $= z$, & CE $= u$; il est évident que $\dot{u}$, $\dot{x}$ & $\dot{z}$, Fluxions de CE, AC & AE, sont entre-elles comme CE, CT & ET ; ainsi $\dot{x} \times \frac{CE}{Ct} = \dot{u}$ & $\dot{x} \times \frac{Et}{Ct} = \dot{z}$.

XXII. Maintenant soit une Equation donnée quelconque à la Courbe AD, comme $y = z$; on aura $\dot{y} = \dot{z}$, & par conséquent $Et : Ct :: \dot{y} : \dot{x} ::$ BD : BT.

XXIII. Ou soit l'Equation $y = z + u - x$, on aura $\dot{y} = \dot{z} + \dot{u} - \dot{x} = \dot{x} \times \frac{CE + Et - Ct}{Ct}$; ainsi $CE + Et - Ct : Ct :: \dot{y} : \dot{x} ::$ BD : BT.

XXIV. Ou enfin soit l'Equation $ayy = u^3$, on aura $2a\dot{y}y = 3\dot{u}u^2 = 3\dot{x}u^2 \times \frac{CE}{Ct}$; ainsi $3u^2 \times CE : 2ay \times Ct ::$ BD : BT.

XXV. Exemple 7. Soit FC un Cercle touché par CS au Point C ; soit FD une Courbe dont la Loi est donnée par une Relation quelconque de l'Ordonnée DB à l'Arc FC terminé par la Ligne DA tirée du Centre ; ayant mené l'Ordonnée CE au Cercle, faites AC ou AF $= 1$, AB $= x$, DB $= y$, AE $= z$, CE $= u$, CF $= t$; vous aurez $\dot{t}z = \dot{t}\times\frac{CE}{CS} = \dot{u}$ & $-\dot{t}u = \dot{t}\times\frac{-RS}{CS} = \dot{z}$; je prends $\dot{z}$ négativement parce que AE diminue tandis que EC augmente ; de plus AE : EC :: AB : BD, ou $zy = ux$, d'où $\dot{z}y + \dot{y}z = \dot{u}x + \dot{x}u$. Enfin exterminant $\dot{u}$, $\dot{z}$ & u, il vient $\dot{y}x - \dot{t}y^2 - \dot{t}x^2 = \dot{x}y$.

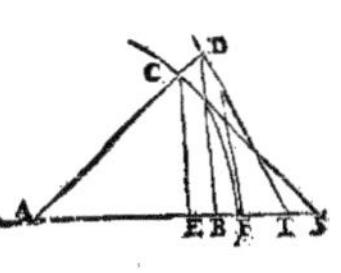

XXVI. Soit maintenant une Équation quelconque à la Courbe DF dont on puisse tirer la Valeur de $\dot{t}$ afin de la substituer ici ; par Exemple, soit $t = y$, (l'Équation à la premiere Quadratrice,) j'aurai $\dot{t} = \dot{y}$, & $\dot{y}x - \dot{y}y^2 - \dot{y}x^2 = \dot{x}y$, d'où $y : xx + yy - x :: \dot{y} : -\dot{x} ::$ BD, y : BT. Ainsi BT $= x^2 + y^2 - x$; & AT $= xx + yy = \frac{ADq}{AF}$.

XXVII. De même si $tt = by$, on aura $2\dot{t}t = b\dot{y}$, & de là AT $= \frac{b}{2t}\times\frac{ADq}{AF}$; & ainsi des autres.

XXVIII. Exemple 8. Maintenant si l'on prend AD égal à l'Arc FC, la Courbe ADH sera la Spirale d'*Archimede*. Laissant aux Lignes les mêmes Dénominations, l'Angle Droit ABD donne $xx + yy = tt$, donc $\dot{x}x + \dot{y}y = \dot{t}t$. Et AD : AC :: DB : CE, d'où $tu = y$, & $\dot{t}u + \dot{u}t = \dot{y}$. Enfin la Fluxion de l'Arc FC est à la Fluxion de la Ligne droite CE, comme AC est à AE, ou comme AD : AB, c'est-à-dire $\dot{t} : \dot{u} :: t : x$, ou $t\dot{u} = x\dot{t}$. Comparant les Equations, on aura $\dot{t}u + \dot{t}x = \dot{y}$, & de là $\dot{x}x + \dot{y}y = \dot{t}t = \frac{\dot{y}t}{u + x}$. Complettant donc le Parallelogramme ABDQ, si l'on fait QD : QP : : BD : BT : : $\dot{y}$: $-\dot{x}$: : x : $y - \frac{t}{u+x}$; c'est-à-dire, si vous prenez AP $= \frac{t}{u+x}$, PD sera perpendiculaire à la Spirale.

XXIX. Et de là je m'imagine qu'il est aisé de voir comment on peut tirer les Tangentes de toutes sortes de Courbes ; cependant je crois qu'il est à propos de montrer la façon d'opérer lorsque les Courbes sont rapportées aux Lignes droites de toute autre maniere. Il sera toujours bon d'avoir à choisir dans ces différentes Méthodes la plus simple & la plus commode.

Seconde maniere.

XXX. Soit un Point donné G, duquel on tire la Soutendente DG à un Point D de la Courbe, soit DB l'Ordonnée sous un Angle quelconque à l'Abcisse AB ; faites parcourir au Point un Espace infiniment petit dD sur la Courbe, sur GD prenez Gk = Gd, achevez le Parallelogramme dcBb, Dk & Dc seront les Moments contemporains de GD & de BD, dont ils diminuent tandis que D est porté en d. Prolongez la Ligne droite Dd jusqu'à ce qu'elle rencontre AB en T ; & de ce Point T abaissez sur la Soutendente GD la perpendiculaire TF, les Trapezes Dcdk & DBTF seront semblables ; ainsi DB : DF : : Dc : Dk.

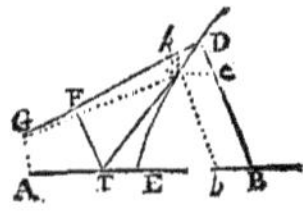

XXXI. Comme la Relation de BD à GD est donnée par l'Equation à la Courbe, cherchez la Relation des Fluxions, & faites FD à DB comme la Fluxion de GD à la Fluxion de BD ; du Point F élevez la perpendiculaire FT qui rencontre AB en T, tirez DT elle touchera la Courbe en D ; si DT est positive il faut la prendre du côté de G, & si elle est négative du côté opposé.

XXXII. Exemple 1. Prenez GD $= x$, BD $= y$, & soit leur Raport exprimé par $x^3 - ax^2 + axy - y^3 = 0$. Le Raport des Fluxions sera $3\dot{x}x^2 - 2a\dot{x}x + a\dot{x}y + a\dot{y}x - 3\dot{y}y^2 = 0$, d'où $3xx - 2ax + ay$: $3yy - ax$: : $\dot{y}$: $\dot{x}$: : DB, y : DF ; ainsi DF $= \frac{3y^3 - axy}{3x^2 - 2ax + ay}$; un Point quelconque D dans la Courbe étant donné & par conséquent les Lignes BD & GD ou x & y, le Point F sera aussi donné ; ainsi il n'y aura plus qu'à élever la Perpendiculaire FT, & du Point T de concours avec l'Abcisse AB, tirer la Tangente DT.

XXXIII. D'où il est clair qu'on peut comme dans le premier Cas tirer de ceci une Régle. Car ayant mis du même côté tous les Termes de l'Equation donnée, multipliez-les par les Dimensions de l'Ordonnée y, & mettez le résultat au Numerateur, ensuite multipliez les Termes par les Dimensions de la Soutendente x, divisez le produit par cette Soutendente x, & placez le Quotient au Dénominateur de la Valeur de DF ; prenez cette même Ligne DF du côté de G si elle est positive, & du côté opposé si elle est négative. Vous pouvez observer qu'il n'importe à quelle distance soit le Point G de l'Abcisse AB, pas même qu'il en soit distant du tout ; & que l'Angle d'Ordination ABD peut aussi être tel qu'on voudra.

XXXIV. Soit comme ci-devant l'Equation $x^3 - ax^2 + axy - y^3 = 0$; elle donne tout de suite $axy - 3y^3$ pour le Numerateur, & $3x^2 - 2ax + ay$ pour le Dénominateur de la Valeur de DF.

XXXV. Soit aussi $a + \frac{b}{a}x - y = 0$, (Equation à une Section Conique,) elle donne $-y$ pour le Numerateur, & $\frac{b}{a}$ pour le Dénominateur de la Valeur de DF, qui par conséquent est $-\frac{ay}{b}$.

XXXVI. Ainsi dans la Conchoïde, ou tout ceci se fera plus

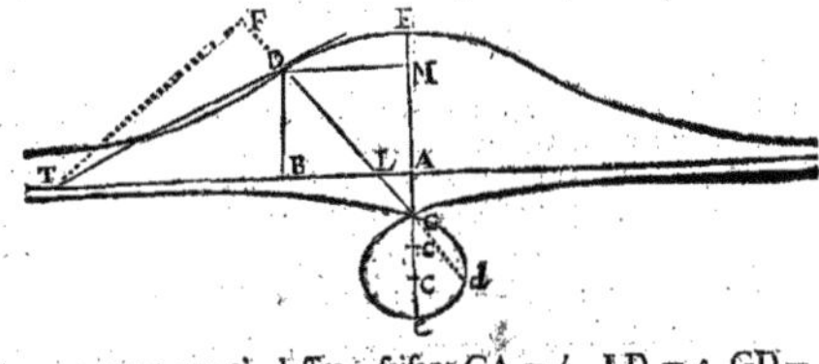

promptement que ci-dessus, faisant GA $= b$, LD $= c$, GD $= x$, &

& BD $= y$, on aura BD, y : DL, c :: GA, b : GL ; $x - c$ Ainſi $xy - cy = cb$, ou $xy - cy - cb = 0$. Cette Equation ſuivant la Régle donne $\frac{xy - cy}{y}$, ou $x - c =$ DF, prolongez donc GD vers F, de ſorte que DF $=$ LG, & au Point F élevez la perpendiculaire FT qui rencontre l'Aſymptote AB en T, tirez DT elle touchera la Conchoïde.

XXXVII. Mais lorſque l'Equation renferme des Quantités compoſées ou radicales, il faut avoir recours à la Méthode générale, à moins qu'on ne préfére de réduire l'Equation.

XXXVIII. Exemple 2. Soit la Relation de GD à BD exprimée par l'Equation $\overline{b + y} \times \sqrt{cc - yy} = yx$, voyez la Fig. précédente, trouvez la Relation des Fluxions, en ſuppoſant $\sqrt{cc - yy} = z$, vous aurez les Equations $bz + yz = yx$, & $cc - yy = zz$, d'où la Relation des Fluxions $b\dot{z} + \dot{y}z + y\dot{z} = \dot{y}x + y\dot{x}$, & $-2\dot{y}y = 2\dot{z}z$. Exterminant $\dot{z}$ & z il viendra $\dot{y}\sqrt{cc - yy} - \frac{b\dot{y}y - \dot{y}y^2}{\sqrt{cc - yy}} - \dot{y}x = \dot{x}y$. Donc $y : \sqrt{cc - yy} - \frac{by + yy}{\sqrt{cc - yy}} - x :: \dot{y} : \dot{x} ::$ BD, y : DF.

Troiſième Maniere.

XXXIX. Si l'on rapporte la Courbe à deux Soutendentes AD & BD, qui tirées de deux Points donnés A & B ſe rencontrent ſur la Courbe ; imaginez que le Point D parcourt l'Eſpace infiniment petit Dd, & ſur AD & BD prenez Ak $=$ Ad, & Bc $=$ Bd ; kD & cD ſeront les Moments contemporains des Lignes AD & BD, prenez donc DF à BD comme le Moment Dk au Moment Dc, (c'eſt-à-dire, dans le Rapor. de la Fluxion de la Ligne AD à la Fluxion de la Ligne BD) élevez ſur BD & AD les perpendiculaires BT & FT qui ſe rencontreront au Point T ; les Trapezes DFTB & Dkdc ſeront ſemblables, & par conſéquent la Diagonale DT touchera la Courbe.

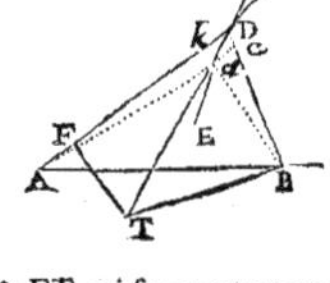

XL. Au moyen donc de l'Equation qui exprime la Relation de

AD à BD, trouvez la Relation des Fluxions & prenez FD à BD dans le même Raport.

XLI. EXEMPLE Supposons AD $= x$, & BD $= y$, & leur Relation $a + \frac{ex}{d} - y = 0$. Cette Equation est aux Ellipses du second Ordre, dont *Descartes* dans le second Livre de sa Géometrie a démontré les propriétés pour rompre la Lumiere ; la Relation des Fluxions sera $\frac{e\dot{x}}{d} - \dot{y} = 0$. D'où $e : d :: \dot{y} : \dot{x} ::$ BD : DF.

XLII. Et par la même raison si $a - \frac{ex}{d} - y = 0$, on aura $e : -d ::$ BD : DF. Dans le premier Cas prenez DF du côté de A, & dans l'autre Cas du côté opposé.

XLIII. COROLL. 1. Si $d = e$, la Courbe devient une Section Conique, & l'on aura DF $=$ DB ; ainsi les Triangles DFT & DBT étant égaux, l'Angle FDB sera partagé en deux par la Tangente.

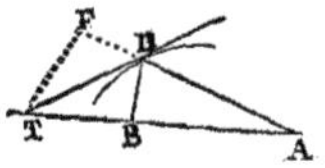

XLIV. COROLL. 2. Et de là on voit évidemment toutes les choses que *Descartes* a démontré d'une maniere très-prolixe au sujet de la Refraction de ces Courbes ; car DF & DB qui sont en Raison donnée de d à e, sont à l'égard du Raïon DT les Sinus des Angles DTF & DTB, c'est-à-dire du Raïon d'Incidence AD sur la Surface de la Courbe & du Raïon de Reflection ou de Refraction DB. Le même raisonnement s'applique aux Refractions des Sections Coniques, en supposant que l'un des Points A ou B est à une distance infinie.

XLV. Il seroit aisé de modifier cette Régle comme nous avons fait la précédente, & de donner d'autres Exemples, & lorsque les Courbes sont rapportées à des Lignes droites de toute autre façon, & qu'on ne peut pas commodément les réduire aux Méthodes précédentes, il sera aisé de s'en faire à l'imitation de celles-ci.

Quatrième Maniere.

XLVI. Comme si la Ligne droite BCD tournoit autour du Point donné B, & que l'un de ses Points D décrivît une Courbe, & qu'un autre de ses Points C coupât la Ligne droite AC donnée de position. La Relation de BD & BC étant exprimée par une Equation quelconque ; tirez BF parallele à AC, de sorte qu'elle rencontre en F la Ligne DF perpendiculaire à BD ; élevez FT perpendiculaire à DF, & prenez FT à BC comme la Fluxion de BD à la Fluxion de BC ; tirez la Ligne DT elle sera Tangente à la Courbe.

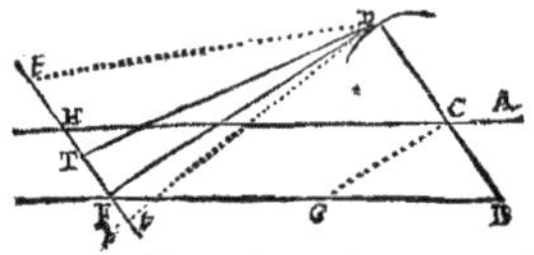

Cinquième Maniere.

XLVII. Mais si le Point A étant donné, l'Equation exprimoit la Relation de AC à BD ; tirez CG parallele à DF, & prenez FT à BG comme la Fluxion de BD à la Fluxion de AC.

Sixième Maniere.

XLVIII. Ou si l'Equation exprime la Relation entre AC & CD ; faites rencontrer AC & FT au Point H, & prenez HT à BG, comme la Fluxion de CD à la Fluxion de AC. Et ainsi des autres.

Septiéme maniere.

POUR LES SPIRALES.

XLIX. Le Problême est le même lorsqu'on ne rapporte pas les Courbes à des Lignes droites, mais à d'autres Courbes, comme cela arrive dans les Courbes Mécaniques. Soit BG la Circonférence d'un Cercle dont le demi Diametre est AG; tandis qu'il tourne autour du Centre A, faites mouvoir le Point D d'une façon quelconque, de sorte qu'il décrive la Spirale ADE; faites parcourir au Point D l'Espace infiniment petit D*d*, & sur AD prenez A*c* = A*d*; C*d* & G*g* seront les Moments contemporains de la Ligne droite AD & de la Circonférence BG. Tirez A*t* parallele à *cd*, c'est-à-dire perpendiculaire à AD, & qui rencontre la Tangente DT au Point T. Vous aurez *c*D : *cd* :: AD : AT; soit aussi G*t* parallele à la Tangente DT, & vous aurez *cd* : G*g* :: A*d* ou AD : AG :: AT : A*t*.

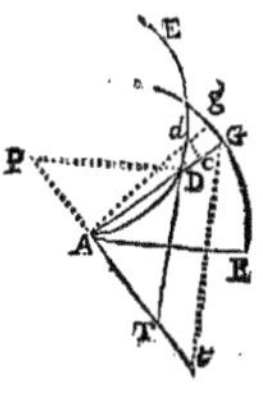

L. Ainsi l'Equation qui exprime la Relation de BG à AD étant donnée; cherchez la Relation de leur Fluxions, & prenez A*t* à AD dans le même Raport, G*t* sera parallele à la Tangente.

LI. EXEMPLE 1. Nommant BG, x & AD, y; soit leur Relation $x^3 - ax^2 + axy - y^3 = 0$, on aura $3x^2 - 2ax + ay : 3y^2 - ax :: \dot{y} : \dot{x}$ :: AD : A*t*; le Point *t* étant donc trouvé, tirez G*t* & sa parallele DT qui touchera la Courbe.

LII. EXEMPLE 2. Si l'on a $\frac{ax}{b} = y$, ce qui est l'Equation à la Spirale d'*Archimedes*, on aura $\frac{a\dot{x}}{b} = \dot{y}$, & par conséquent $a : b :: \dot{y} : \dot{x}$ :: AD : A*t*; c'est pourquoi si l'on prolonge TA en P, de sorte que AP : AB :: $a : b$, PD sera perpendiculaire à la Courbe.

LIII. EXEMPLE 3. Si $xx = by$, $2xx$ sera $= b\dot{y}$, & $2x : b$ :: AD : A*t*. Et de la même façon on pourra toujours aisément tirer des Tangentes à toutes les Spirales.

Huitiéme Maniere.

POUR LES QUADRATRICES.

LIV. Si la Courbe est telle qu'une Ligne quelconque AGD, tirée du Centre A, rencontre l'Arc de Cercle en G, & la Courbe en D; & si la Relation de l'Arc BG & de la Ligne droite DH, qui est une Ordonnée à la Base ou Abcisse AH sous un Angle donné, est déterminée par une Equation quelconque; concevez que le Point D parcourt sur la Courbe un Espace infiniment petit D*d*; achevez le Parallelogramme *dh*H*k* & prolongez A*d* en *c*, de sorte que A*c* = AD, G*g* & D*k* seront les Moments contemporains de l'Arc BG & de l'Ordonnée DH; prolongez D*d* directement en T, ou elle rencontre AB, & de ce Point abaissez la perpendiculaire TF sur D*c*F; les Trapezes D*kdc* & DHTF seront semblables; ainsi D*k* : D*c* : : DH : DF; de plus si vous élevez G*f* perpendiculaire à AG, & qui rencontre AF en *f*, les paralleles DF & G*f* donneront D*c* : G*g* : : DF : G*f*, & de même D*k* : G*g* :: DH : G*f*, c'est-à-dire, comme les Moments ou les Fluxions des Lignes DH & BG.

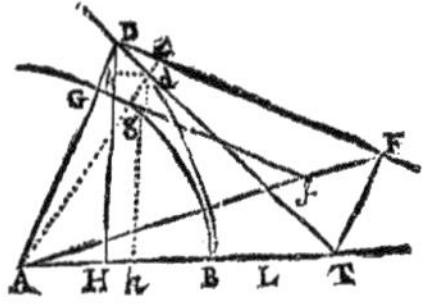

LV. Ainsi par l'Equation qui exprime la Relation de BG & de DH, trouvez la Relation des Fluxions, & dans ce même Raport prenez la Tangente G*f* du Cercle BG, & la Ligne DH; tirez DF parallele à G*f*, qui rencontre A*f* prolongée en F; à ce Point F élevez la perpendiculaire FT, qui rencontre AB en T; & enfin tirez la Ligne droite DT elle sera Tangente à la Quadratrice.

LVI. EXEMPLE I. Nommant BG, x & DH, y soit $xx = yy$, on aura $2x\dot{x} = b\dot{y}$; d'où $2x : b : : \dot{y} : \dot{x} : :$ DH : G*f*, le Point *f* étant trouvé on déterminera le reste comme ci-dessus.

Mais on pourroit peut-être présenter cette Régle un peu plus clairement; faites $\dot{x} : \dot{y} : :$ AB : AL; AL sera à AD : : AD : AT, & DT touchera la Courbe, car les Triangles semblables AFD &

ATD, donneront AD × DF = AT × DH, & par conséquent AT : AD :: DF ou $\frac{AD}{AG} \times Gf$: DH ou $\frac{\dot{y}}{\dot{x}}\, Gf$ :: AD : $\frac{\dot{y}}{\dot{x}}$ AG ou AL.

LVII. Exemple 2. Soit $x = y$, Equation à la Quadratrice des Anciens ; $\dot{x}$ sera $= \dot{y}$; ainsi AB : AD :: AD : AT.

LVIII. Exemple 3. Soit $axx = y^3$; $2ax\dot{x}$ sera $= 3\dot{y}y^2$. Faites donc $3y^2 : 2ax :: \dot{x} : \dot{y}$ :: AB : AL & AL : AD :: AD : AT. Par ce moyen vous pourrez toujours déterminer les Tangentes de toutes sortes de Quadratrices quelque compliquées quelles soient.

Neuvième Maniere.

LIX. Enfin si ABF est une Courbe quelconque touchée par la droite BT ; & si une partie BD (de la Ligne droite BC, Ordonnée sous un Angle quelconque à l'Abcisse AC,) interceptée entre cette Courbe & une autre Courbe DE a une Relation à une partie de la Courbe AB exprimée par une Equation, vous pourrez tirer la Tangente DT à l'autre Courbe, en prenant sur la Tangente de la premiere, BT en même raison avec AD, comme la Fluxion de la Courbe AB avec la Fluxion de la Ligne droite BD.

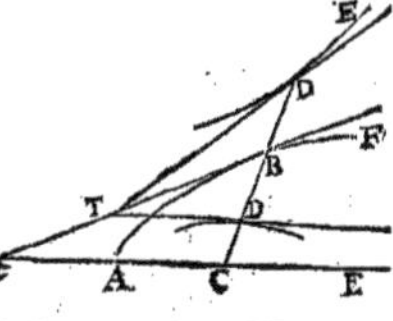

LX. Exemple 1. Nommant AB, x ; BD, y ; soit $ax = yy$, donc $a\dot{x} = 2\dot{y}y$; ainsi $a : 2y :: \dot{y} : \dot{x}$ :: BD : BT.

LXI. Exemple 2. Soit $\frac{a}{b}\, x = y$, Equation à la Trocoïde si ABF est un Cercle ; on aura $\frac{a}{b}\dot{x} = \dot{y}$, & $a : b$ :: BD : BT.

LXII. On peut avec la même facilité tirer les Tangentes lorsque la Relation de BD à AC, ou à BC, est donnée par une Equation quelconque, ou lorsque les Courbes sont rapportées à des Lignes droites ou à d'autres Courbes d'une façon quelconque.

LXIII. On peut tirer des mêmes Principes la Solution de plusieurs autres Problêmes, comme de ceux qui suivent.

1. *Trouver le Point d'une Courbe, où la Tangente est parallele à l'Abcisse, ou à une autre Ligne droite donnée de position ; ou le Point où elle est perpendiculaire ou inclinée sous un Angle donné.*

2. *Trouver le Point ou la Tangente est le plus ou le moins inclinée à l'Abcisse, ou à une autre Ligne droite donnée de position, c'est-à-dire, trouver le Point d'Inflexion.* J'en ai déja donné un Essai sur la Conchoïde.

3. *D'un Point donné hors du Perimetre d'une Courbe, tirer une Ligne droite, qui avec le Perimetre de la Courbe fasse ou un Angle de Contact, ou un Angle droit, ou un autre Angle donné. C'est-à-dire, d'un Point donné tirer des Tangentes ou des Perpendiculaires, ou des Lignées inclinées à une Ligne Courbe.*

4. *D'un Point donné au-dedans d'une Parabole, tirer une Ligne droite qui fasse avec le Perimetre le plus grand ou le moindre Angle possible. Faire le même dans toutes les autres Courbes.*

5. *Tirer une Ligne droite qui touche deux Courbes données de position, ou la même Courbe en deux Points lorsque cela se peut faire.*

6. *Décrire une Courbe quelconque sous des Conditions données, qui touche un autre Courbe donnée de position en un Point donné.*

7. *Déterminer la Refraction d'un Raïon de Lumiere, qui tombe sur une Surface Courbe quelconque.*

La Résolution de ces Problêmes & de tous les autres de même nature ne sera pas fort difficile, il n'y aura guéres que l'ennui du Calcul ; je n'ai donc pas crû qu'il fût nécessaire d'en donner ici les Solutions, & je m'imagine que les Géometres me sçauront gré de ne les avoir qu'énoncés.

PROBLEME V.

Trouver la Quantité de Courbure d'une Courbe donnée à un Point donné quelconque.

I. IL y a peu de Problêmes sur les Courbes qui soient plus élégants que celui-ci, & qui nous donne plus de lumiere sur leur nature. Je vais avant que de le résoudre mettre ici quelques Considérations générales.

II. 1. Le même Cercle a partout le même degré de Courbure, & dans différens Cercles ce degré de Courbure est réciproquement proportionel à leurs Diametres ; de sorte que si le Diametre d'un Cercle est une fois plus petit que le Diametre d'un autre, la Courbure de sa Circonférence sera une fois plus grande ; si le Diametre n'est qu'un tiers de l'autre la Courbure sera trois fois plus grande, &c.

III. 2. Si un Cercle touche une Courbe dans sa concavité à un Point donné quelconque, & que ce Cercle soit d'une grandeur telle qu'on ne puisse en faire passer un autre dans les Angles du Cercle avec la Courbe au Point de Contact ; ce premier Cercle aura la même Courbure que la Courbe a dans ce Point de Contact. Car un Cercle qui passeroit dans les Angles de la Courbe & du premier Cercle approcheroit davantage de la Courbe, & par conséquent de sa Courbure plus que n'en approche le premier Cercle ; donc le Cercle qui est tel qu'on ne peut en faire passer un autre entre sa Circonférence & la Courbe au Point de Contact est celui qui approche le plus de la Courbure de la Courbe.

IV. 3. Ainsi le Centre de Courbure d'un Point d'une Courbe est le Centre d'un Cercle qui a la même Courbure que ce Point de la Courbe ; ainsi le demi Diametre ou le Raïon de Courbure est une partie de la Perpendiculaire à la Courbe terminée à ce Centre.

V. 4. Et la proportion de Courbure de différents Points se trouvera par la proportion de Courbure de différents Cercles qui auront la même Courbure que ces Points, ou simplement par la proportion réciproque des Raïons de Courbure.

VI. Ainsi le Problême se réduit à trouver le Raïon ou le Centre de Courbure.

VII. Imaginez donc qu'à trois Points δ, D, *d*, d'une Courbe on tire des Perpendiculaires, dont celles en δ & D se rencontrent en H, & celles en D & *d* se rencontrent en *h*. Le Point D étant au milieu, s'il y a une plus grande Courbure à la partie Dδ qu'à la partie D*d*, DH sera moindre que D*h* ; mais plus les Perpendiculaires δH & *dh* seront près de la Perpendiculaire intermédiaire, plus petite sera la distance des Points H & *h* ; de sorte qu'à la fin lorsque les Perpendiculaires se réuniront, ces Points coincideront ; imaginons donc qu'ils coïncident au Point C, il sera le Centre de Courbure du Point C de la Courbe. Cela est évident de soi-même.

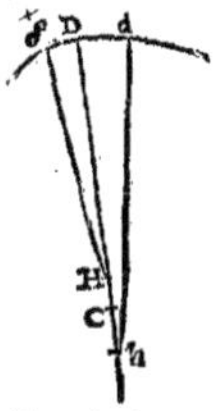

VIII.

VIII. Le Point C a plusieurs Symptomes ou Propriétés qui nous serviront pour le déterminer.

IX. 1. Il est le concours de deux Perpendiculaires qui chacune sont infiniment près de DC.

X. 2. Il sépare & divise les Intersections des Perpendiculaires qui sont à une distance finie de chaque côté quelque petite qu'elle soit ; de sorte que celles qui sont sur le côté plus Courbe Dδ se rencontrent plus loin en *b*.

XI. 3. Si on conçoit que la Ligne DC se meuve tandis qu'elle insiste perpendiculairement sur la Courbe, ce Point C sera comme le Centre du Mouvement, & se mouvera moins qu'aucun autre Point de DC.

XII. 4. Si on décrit un Cercle du Centre C & du Raïon DC, on ne pourra en décrire aucun autre qui puisse passer entre les Angles du Contact.

XIII. V. Enfin si le Centre H ou *h* d'un autre Cercle touchant quelconque, approche par degrés du Centre C de celui-ci, jusqu'à ce qu'enfin ils viennent à coincider ensemble ; aucun des Points dans lesquels ce premier Cercle aura coupé la Courbe ne coincidera avec le Point D de Contact.

XIV. Chacune de ces Propriétés donneroit un moyen de résoudre le Problême d'une différente façon ; mais nous choisirons la premiere comme étant la plus simple.

XV. Soit DT une Tangente à un Point quelconque D d'une Courbe ; soit DC la Perpendiculaire à ce Point, & C le Centre de Courbure comme ci-devant ; soit AB l'Abcisse sur laquelle DB est Ordonnée à Angles droits, & soit P le Point ou la Perpendiculaire rencontre cette Abcisse ; tirez DG parallele à AB, & CG Perpendiculaire à la même AB, sur laquelle CG prenez Cg d'une longueur donnée quelconque ; à ce Point g tirez la Perpendiculaire gδ qui rencontre DC en δ. On aura Cg : gδ : : TB : BD, comme la Fluxion de l'Abcisse est à la Fluxion de l'Ordonnée. Imaginant donc que le Point D parcourt sur la Courbe un Espace infiniment petit D*d*, tirez *dc* perpendiculaire

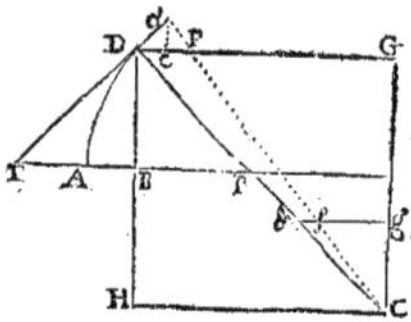

à DG, & Cd perpendiculaire à la Courbe, Cd rencontra DG en F, & δz en f; & De sera le Moment de l'Abciſſe, de le Moment de l'Ordonnée, & δf le Moment contemporain de la Ligne droite $g\delta$; ainſi $DF = De + \frac{de \times de}{De}$, ayant donc trouvé le Raport de ces Moments, ou ce qui eſt la même choſe, de leurs Fluxions, vous aurez le Raport de CG à la Ligne donnée Cg, qui eſt le même que celui de DF à δf, & par là vous déterminerez le point C.

XVI. Ainſi ſoit $AB = x$, $BD = y$, $Cg = 1$, & $g\delta = z$; vous aurez $1 : z :: \dot{x} : \dot{y}$, ou $z = \frac{\dot{y}}{\dot{x}}$; Maintenant ſoit le Moment δf de z égal à $\dot{z} \times o$, c'eſt-à-dire, égal au produit de la Viteſſe & d'une Quantité infiniment petite o, vous aurez les Moments $De = \dot{x} \times o$, $de = \dot{y} \times o$, d'où $DF = \dot{x}o + \frac{\dot{y}\dot{y}o}{\dot{x}}$; Donc Cg, 1, : CG :: δf : DF :: $\dot{z}o : \dot{x}o + \frac{\dot{y}\dot{y}o}{\dot{x}}$, c'eſt-à-dire, $CG = \frac{\dot{x}\dot{x} + \dot{y}\dot{y}}{\dot{x}\dot{z}}$.

XVII. Et comme il nous eſt libre de donner à la Fluxion $\dot{x}$ de l'Abciſſe telle Viteſſe que nous voudrons, parce que nous pouvons lui rapporter tout le reſte; faiſons $\dot{x} = 1$, nous aurons $\dot{y} = z$, & $CG = \frac{1 + zz}{\dot{z}}$, d'où $DG = \frac{z + z^3}{\dot{z}}$, & $DC = \frac{\overline{1 + zz}\sqrt{\overline{1 + zz}}}{\dot{z}}$.

XVIII. Etant donc donnée entre BD & AB une Equation qui exprime la nature de la Courbe, cherchez le Raport de $\dot{x}$ à $\dot{y}$, & ſubſtituez 1 pour $\dot{x}$ & z pour $\dot{y}$, enſuite en prenant les Fluxions de l'Equation qui en réſultera, trouvez la Relation entre $\dot{x}$, $\dot{y}$ & $\dot{z}$, & ſubſtituez encore 1 pour $\dot{x}$ & z pour $\dot{y}$ comme auparavant, par la premiere Opération vous aurez la Valeur de z, & par la ſeconde vous aurez celle de $\dot{z}$; cela étant fait prolongez DB en H vers la partie concave de la Courbe, de ſorte que $DH = \frac{1 + zz}{\dot{z}}$; tirez HC parallele à AB, & qui rencontre la perpendiculaire DC en C, ce Point C ſera le Centre de Courbure du Point D de la Courbe; Mais $1 + zz = \frac{PT}{BT}$, ainſi faites $DH = \frac{PT}{\dot{z} \times BT}$, ou $DC = \frac{\overline{DP}|^3}{\dot{z} \times \overline{DB}|^3}$.

XIX. Exemple 1. Si l'on a $ax + bx^2 - y^2 = 0$ Equation

à l'Hyperbole dont le Parametre est a, & le *Latus Transversum* $\frac{a}{b}$, on aura $a\dot{x} + 2b\dot{x}x - 2\dot{y}y = 0$; & substituant 1 pour $\dot{x}$ & z pour $\dot{y}$, on aura $a + 2bx - 2zy = 0$, en prenant encore les Fluxions on a $2b\dot{x} - 2\dot{z}y - 2z\dot{y} = 0$, ou $2b - 2zz - 2\dot{z}y = 0$, après avoir substitué 1 pour $\dot{x}$ & z pour $\dot{y}$; par la premiere Equation nous avons $z = \frac{a + 2bx}{2y}$, & par la seconde $\dot{z} = \frac{b - zz}{y}$. Ainsi un Point quelconque D de la Courbe étant donné, & par conséquent les Lignes x & y, les Valeurs de z & $\dot{z}$ seront aussi données; faites donc $\frac{1 + zz}{\dot{z}} = CG$ ou DH, & tirez la Ligne HC.

XX. Comme si pour un Cas particulier vous faites $a = 3$, $b = 1$, $3x + xx = yy$ sera l'Equation à l'Hyperbole; si vous prenez donc $x = 1$, y sera $= 2$, $z = \frac{5}{4}$, $\dot{z} = -\frac{9}{32}$, & DH $= -9\frac{1}{9}$. H étant donc trouvé, élevez la perpendiculaire HC qui rencontre la perpendiculaire DC qu'on aura tirée auparavant, ou bien ce qui est la même chose faites HD : HC :: 1 : z :: 1 : $\frac{5}{4}$; tirez DC, elle sera le Raïon de la Courbure.

XXI. Quand le Calcul ne vous paroîtra pas trop compliqué vous pourrez substituer dans la Valeur $\frac{1 + zz}{\dot{z}}$ de CG, les Valeurs indéfinies de z & de $\dot{z}$; ainsi dans cette Exemple vous aurez après la Réduction néçessaire, DH $= y + \frac{4y^3 + 4by^3}{aa}$; cependant la Valeur de DH devient négative dans l'Exemple Numérique, mais cela marque seulement que DH doit être prise du côté de B, car si elle étoit devenuë affirmative il auroit fallu la tirer du côté opposé.

XXII. Coroll. En changeant donc le Signe du Symbole $+ b$, vous aurez $ax - bxx - yy = 0$ Equation à l'Ellipse, & DH $= y + \frac{4y^3 - 4by^3}{aa}$.

XXIII. Mais supposant $b = 0$, l'Equation deviendra $ax - yy = 0$, ce qui appartient à la Parabole; vous aurez DH $= y + \frac{4y^3}{aa}$, & de la DG $= \frac{1}{2}a + 2x$.

XXIV. De ces différentes Expressions on peut aisément conclure que le Raïon de Courbure d'une Section Conique quelconque est $\frac{\overline{4DP}|^3}{aa}$.

XXV. Exemple 2. Soit $x^3 = ay^2 - x^2$ Equation à la Cissoïde de *Diocles*, vous aurez d'abord $3x^2 = 2azy - 2xzy - y^2$, & ensuite $6x = 2a\dot{z}y + 2azz - 2zy - 2x\dot{z}y - 2xzz - 2zy$; ainsi $z = \frac{3xx + yy}{2ay - 2xy}$, & $\dot{z} = \frac{3x - azz + 2zy + xzz}{ay - xy}$. Ainsi un Point quelconque de la Cissoïde étant donné & par conséquent x & y, z & $\dot{z}$ seront aussi données, il ne reste donc plus qu'à faire CG $= \frac{1 + zz}{\dot{z}}$

XXVI. Exemple 3. Soit $\overline{b+y}\sqrt{cc - yy} = xy$ Equation à la Conchoïde ; faites $\sqrt{cc - yy} = u$, & vous aurez $bu + yu = xy$. Mais $cc - yy = uu$ donnera $-2yz = 2\dot{u}u$, & $bu + yu = xy$ donnera $b\dot{u} + y\dot{u} + zu = y + xz$; ces Equations bien disposées détermineront $\dot{u}$ & z, mais pour trouver $\dot{z}$, il faudra exterminer dans la derniere Equation la Fluxion $\dot{u}$ en substituant $= \frac{yz}{u}$, car alors vous aurez $-\frac{byz}{u} - \frac{yyz}{u} + zu = y + xz$, Equation délivrée de Fluxions comme la Résolution du premier Problême le demande ; vous aurez donc en prenant les Fluxions $-\frac{bz^2}{u} - \frac{by\dot{z}}{u} + \frac{byz\dot{u}}{u^2} - \frac{2yzz}{u} - \frac{yy\dot{z}}{u} + \frac{yyz\dot{u}}{u^2} + \dot{z}u + z\dot{u} = 2z + x\dot{z}$. Et de cette Equation réduite & bien disposée vous tirerez la Valeur de $\dot{z}$, qui étant connue aussi bien que celle de z vous donnera celle de $\frac{1 + zz}{\dot{z}}$ c'est-à-dire, celle de CG.

XXVII. Si vous aviez divisé l'Equation $-\frac{byz}{u} - \frac{yyz}{u} + zu = y + xz$ par z, vous auriez eu $-\frac{bz}{u} + \frac{by\dot{u}}{uu} - \frac{2yz}{u} + \frac{yy\dot{u}}{uu} + \dot{u} = 2 - \frac{y\dot{z}}{zz}$ Equation, pour déterminer $\dot{z}$, qui est plus simple que l'autre.

XXVIII. J'ai donné cet Exemple pour faire voir comment cette Opération doit se faire dans les Equations qui contiennent des Radicaux ; mais on peut trouver la Courbure de la Conchoïde d'une maniere bien plus courte, pour cela quarrez les Membres de l'Equation $\overline{b+y}\sqrt{cc-yy} = xy$, divisés par yy & vous aurez $\frac{b^2c^2}{y^2} + \frac{2bc^2}{y} \begin{smallmatrix}+c^2\\-b^2\end{smallmatrix} - 2by - y^2 = x^2$; d'où $-\frac{2b^2c\dot{z}}{y^3} - \frac{2bc^2\dot{z}}{y^2} - 2b\dot{z} - 2y\dot{z} = 2\dot{x}$, ou $-\frac{b^2c^2}{y^3} - \frac{bc^2}{y^2} - b - y = \frac{x}{\dot{z}}$; d'où encore $\frac{3b^2c^2\dot{z}}{y^4} + \frac{2bc^2\dot{z}}{y^3} - \dot{z} = \frac{1}{\dot{z}} - \frac{x\ddot{z}}{\dot{z}\dot{z}}$; le premier Résultat donne $\dot{z}$ & le second donne $\ddot{z}$.

XXIX. Exemple 4. Soit ADF une Trochoïde ou Cycloïde dont le Cercle générateur soit ALE, soit BD une Ordonnée à cette Courbe qui coupe le Cercle en L ; faites AE $= a$, AB $= x$, BD $= y$, BL $= u$, l'Arc AL $= t$, & la Fluxion de cet Arc $= \dot{t}$; tirez le demi Diametre PL ;

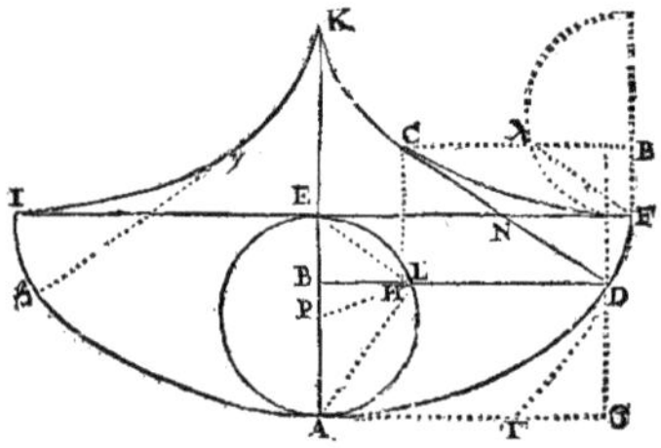

d'abord la Fluxion de la Base ou Abcisse AB est à la Fluxion de l'Arc AL, comme BL est à PL ; c'est-à-dire, $\dot{x}$ ou $1 : \dot{t} :: u : \frac{1}{2}a$. Ainsi $\frac{a}{2u} = \dot{t}$, & par la nature du Cercle $ax - xx = uu$, d'où $a - 2x = 2\dot{u}u$, ou $\frac{a-2x}{2u} = \dot{u}$.

XXX. De plus par la nature de la Trochoide ; LD $=$ l'Arc AL, ainsi $u + t = y$, d'où $\dot{u} + \dot{t} = \dot{z}$; au lieu des Fluxions $\dot{u}$ & $\dot{t}$ substituez leurs Valeurs & vous aurez $\frac{a-x}{u} = \dot{z}$; d'où vous tirerez $-\frac{a\dot{u}}{uu}+\frac{x\dot{u}}{uu}-\frac{1}{u}=\dot{z}$; faites donc $\frac{1+zz}{\dot{z}}=-$ DH & élevez la perpendiculaire HC.

XXXI. COROL. 1. Il suit de là que DH $=$ 2BL, & CH $=$ 2BE, c'est-à-dire que EF coupe par la moitié le Raïon de Courbure CD au Point N ; cela se voit en substituant les Valeurs de z & $\dot{z}$ dans l'Equation $\frac{1+zz}{\dot{z}}=$ DH, & en réduisant le résultat.

XXXII. COROL. 2. De là on voit que la Courbe FCK, décrite par le Centre de Courbure de ADF, est une autre Trochoïde égale à la premiere ; mais dont les Sommets I & F se joignent aux pointes de cette même premiere Trochoïde ; car imaginons un Cercle Fλ de même grandeur & position que ALE, & Cβ parallele à EF, rencontrant le Cercle en λ ; l'Arc Fλ sera $=$ l'Arc EL $=$ NF $=$ Cλ.

XXXIII. COROL. 3. La Ligne droite CD perpendiculaire à la Trochoide IAF, sera Tangente de la Trochoïde IKF au Point C.

XXXIV. COROL. 4. De là on voit encore que si à la pointe K de la Trochoïde supérieure, on suspend au bout d'un fil un poids à la hauteur KA ou 2EA, & que tandis que le poids fait ses Vibrations le fil s'applique sur la Trochoïde KF & KI, qui lui résiste de chaque côté & l'empêche de se tendre en Ligne droite, & au contraire en repousse & Courbe en Trochoïde la partie supérieure, tandis que l'inférieure demeure une Ligne droite ; on voit, dis-je, que le poids se mouvra dans le Perimetre de la Trochoïde inférieure, parce que le fil CD lui sera toujours perpendiculaire.

XXXV. COROL. 5. Ainsi la longueur entiere du fil KA est égale au Perimetre KCF de la Trochoïde, & la partie CD du fil est égale à la partie CF du Perimetre.

XXXVI. COROL. 6. Puisque le fil par son Mouvement d'Oscillation tourne autour du Point mobile C, comme autour d'un Centre, la Surface que la Ligne entiere CD décrit continuellement sera à la Surface que la partie CN au-dessus de la droite IF décrit dans le même temps comme $\overline{CD}^2 : \overline{CN}^2$, c'est-à-dire, comme 4 : 1, ainsi l'Aire CFN est le quart de l'Aire CFD, & l'Aire KCNE est le quart de l'Aire AKCD.

XXXVII. COROL. 7. Puisque la Soutendente EL est égale & parallele à CN, & qu'elle tourne autour du Centre immobile

E, précisément dans le même temps que CN tourne autour du Centre mobile C, les Surfaces qu'elles décriront dans le même temps seront égales, c'est-à-dire, l'Aire CFN sera égale au Segment de Cercle EL, & par conséquent l'Aire NFD sera triple de ce Segment, & l'Aire totale EADF triple de celle du demi Cercle.

XXXVIII. COROL. 8. Lorsque le poids D arrive au Point F, toute la longueur du fil se trouve appliquée sur la Trochoïde KCF, & le Raïon de Courbure est zero dans ce Point ; ainsi la Trochoïde IAF est plus Courbe à sa pointe F qu'aucun Cercle, & fait avec la Tangente prolongée un Angle de Contact infiniment plus grand qu'aucun Cercle ne peut faire avec une Ligne droite.

XXXIX. Mais il y a des Angles de Contact encore infiniment plus grands que les Angles Trochoïdaux & d'autres encore infiniment plus grands que ceux-ci, & ainsi à l'infini, & cependant toujours moindres que des Angles Rectilignes ; par Exemple $xx = ay$, $x^3 = by^2$, $x^4 = cy^3$, $x^5 = dy^4$, &c. désigne une suite de Courbes dont chacune fait des Angles de Contact avec son Abcisse infiniment plus grands que ceux que forme avec sa même Abcisse la Courbe qui la précéde ; l'Angle de Contact que forme la premiere $xx = ay$, est de la même espece que les Angles de Contact que forme le Cercle, celui que forme la seconde $x^3 = by^2$ est de la même espece que ceux de la Trochoïde ; & quoique les Angles des Courbes suivantes excédent toujours infiniment les Angles des précédentes, ils ne peuvent jamais arriver à la grandeur d'un Angle Rectiligne.

XL. De même $x = y$, $xx = ay$, $x^3 = b^2y$, $x^4 = c^3y$, &c. désigne une suite de Lignes dont chacune forme au Sommet de son Abcisse un Angle infiniment plus petit que celui de celle qui précéde, & encore entre chacun de ces Angles de Contact on peut trouver à l'infini d'autres Angles de Contact qui se surpasseront infiniment chacun.

XLI. L'on voit donc que les Angles de Contact d'une espece; sont infiniment plus grands que ceux d'une autre espece, puisqu'une Courbe d'une espece quelque grande que soit cette Courbe ne peut au Point de Contact passer entre la Tangente & une Courbe d'une autre espece quelque petite que soit cette Courbe ; ainsi un Angle de Contact d'une espece ne peut pas absolument contenir un Angle de Contact de la même espece comme le tout contient une partie, par Exemple l'Angle de Contact de la Courbe $x^4 = cy^3$, contient nécessairement l'Angle de Contact de la Courbe $x^3 = by^2$, & ne peut jamais y être contenu ; car des Angles qui peuvent se surpasser mutuellement sont de même espece, comme cela arrive dans les Angles de la Trochoïde & de la Courbe $x^3 = by^2$.

XLII. Et de là il est évident que les Courbes peuvent dans de certains points être infiniment plus droites ou infiniment plus Courbes qu'aucun Cercle, & cependant ne jamais perdre leur forme de Lignes Courbes. Mais tout ceci soit dit seulement en passant.

XLIII. Exemple 5. Soit ED la Quadratrice du Cercle décrite du Centre A, sur AE abaissez la perpendiculaire DB ; faites AB $= x$, BD $= y$, & AE $= 1$; vous aurez $\dot{y}x - \dot{y}y^2 - \dot{y}x^2 = \dot{x}y$ comme ci-devant ; mettez 1 pour $\dot{x}$ & z pour $\dot{y}$, l'Equation devient $zx - zy^2 - zx^2 = y$, d'où $\dot{z}x - \dot{z}y^2 + zx - 2zxx - 2zyy = \dot{y}$, réduisez & mettez encore 1 pour $\dot{x}$ & z pour $\dot{y}$, vous aurez $\dot{z} = \frac{2z^2y + 2zx}{x - xx - yy}$; z & $\dot{z}$ étant ainsi trouvez faites $\frac{1 + zz}{\dot{z}} = \text{DH}$, & tirez HC comme ci-devant.

XLIV. La Construction de ce Problême sera fort courte, puisqu'il ne faut que tirer DP perpendiculaire à DT qui rencontre AT en P, & faire 2AP : AE :: PT : CH. Car $z = \frac{y}{x - xx - yy} = \frac{\text{BD}}{-\text{BT}}$, & $zy = \frac{\text{BD}q}{-\text{BT}} = -\text{BP}$; & $zy + x = -\text{AP}$ & $\frac{2z}{x - xx - yy}$ par $zy + x = \frac{2\text{BD}}{\text{AE} \times \text{BT}q}$ par $-\text{AP} = \dot{z}$; de plus $1 + zz = \frac{\text{PT}}{\text{BT}}$, puisqu'il est $= 1 + \frac{\text{BD}q}{\text{BT}q} = \frac{\text{DT}q}{\text{BT}q}$. Donc $\frac{1 + zz}{\dot{z}} = \frac{\text{PT} \times \text{AE} \times \text{BT}}{-2\text{BD} \times \text{AP}} = \text{DH}$; enfin BT : BD :: DH : CH $= \frac{\text{PT} \times \text{AE}}{-2\text{AP}}$; le Signe $-$ indique seulement que CH doit être prise du même côté de AB par raport à DH.

XLV. Et de la même maniere il ne faudra qu'un Calcul fort court pour déterminer la Courbure des Spirales ou de toute autre espece de Courbes.

XLVI.

XLVI. Lorſque les Courbes ſont rapportées à des Lignes droites de toute autre maniere, & qu'on voudra déterminer la Courbure ſans aucune Réduction précédente, on pourra appliquer la Méthode dont je me ſuis ſervi pour tirer les Tangentes ; mais comme toutes les Courbes Géometriques & Mécaniques peuvent toujours ſe rapporter à des co-Ordonnées perpendiculaires, principalement lorſque les Conditions qui définiſſent ces Courbes ſont réduites à des Equations infinies, comme je le ferai voir ci-après ; je m'imagine en avoir aſſez dit ſur cette matiere ; celui qui en voudra davantage pourra aiſément le ſuppléer de lui-même, ſur tout après avoir jetté les yeux ſur la Méthode pour les Spirales que je vais ajouter ici pour donner plus de facilité.

XLVII. Soit BC la Circonférence d'un Cercle, A ſon Centre & B un Point donné dans ſa Circonférence ; ſoit ADd une Spirale, DC ſa perpendiculaire, & C le Centre de Courbure du Point D ; tirez la droite ADK, faites CG égale & parallele à AK, tirez la perpendiculaire GF qui rencontre CD en F ; faites AB ou AK = 1 = CG, BK = x, AD = y, & GF = z ; enſuite imaginez que le Point D décrit ſur la Spirale un Eſpace infiniment petit Dd,

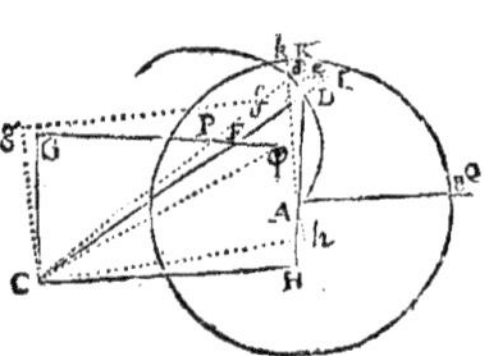

par ce Point d tirez le demi Diametre Ak, faites Cg égale & parallele à Ak ; tirez gf perpendiculaire à gC, Cd coupera gf en f & GF en P ; prolongez GF en φ, de ſorte que Gφ = gf ; tirez de perpendiculaire à AK, & prolongez-la juſqu'à-ce qu'elle rencontre CD en I ; les Moments contemporains de BK, AD & Gφ, ſeront Kk, De & Fφ, qu'on peut donc nommer $\dot{x}o$, $\dot{y}o$ & $\dot{z}o$.

XLVIII. Maintenant AK : Ae ou AD : : kK : de = $\dot{y}o$, où je prends $\dot{x}$ = 1, comme ci-devant ; & CG : GF : : de : eD = oyz, ainſi $yz = \dot{y}$; de plus CG : CF : : de : dD = oy × CF : : dD : dI = oy × CFq ; mais comme l'Angle PCφ = GCg = DAd & l'Angle CPφ = CdI = edD plus un droit = ADd, les Triangles CPφ & ADd ſont ſemblables ; ainſi AD : Dd : : CP

K

ou CF : $P\phi = o \times CFq$, retranchant $F\phi$ reste $PF = o \times CFq - o \times \dot{z}$; enfin en laissant tomber sur AD la perpendiculaire CH, vous aurez PF : dI : : CG : eH ou $DH = \frac{y \times CFq}{CFq - \dot{z}}$, substituez $1 + zz$ pour pour CFq, vous aurez $DH = \frac{y + yzz}{1 + zz - \dot{z}}$. On peut observer que dans ces especes de Calculs, je prends les Quantités AD & Ae pour égales, parce que leur Raport differe infiniment peu du Raport d'égalité.

XLIX. On peut de la tirer la Régle suivante. La Relation de x & y étant donnée par une Equation quelconque, trouvez la Relation des Fluxions $\dot{x}$ & $\dot{y}$, substituez 1 pour $\dot{x}$ & yz pour $\dot{y}$, & de l'Equation qui en résulte tirez une seconde fois la Relation entre $\dot{x}$, $\dot{y}$ & $\dot{z}$, substituez encore 1 pour $\dot{x}$; le premier Résultat bien réduit donnera $\dot{y}$ & z, & le second donnera $\dot{z}$; vous ferez $\frac{y + yzz}{1 + zz - \dot{z}} = DH$, & vous éleverez la perpendiculaire HC, qui rencontre en C la Ligne DC perpendiculaire à la Spirale, C sera le Centre de Courbure : Ou ce qui revient au même, prenez CH à HD : : z : 1, & tirez CD.

L. Exemple 1. Si l'on a $ax = y$, Equation à la Spirale d'*Archimede*, on aura $a\dot{x} = \dot{y}$, ou $a = yz$ en mettant 1 pour $\dot{x}$ & yz pour $\dot{y}$; & prenant encore les Fluxions on aura $0 = \dot{y}z + y\dot{z}$; ainsi un Point quelconque D de la Spirale étant donné & par conséquent la Ligne AD ou y, z sera aussi donnée $= \frac{a}{y}$, & $\dot{z} = - \frac{\dot{y}z}{y}$ ou $- \frac{az}{y}$; ainsi faites $1 + zz - \dot{z} : 1 + zz$: : DA, y : DH; & 1 : z : : DH : CH.

Vous tirerez aisément la Construction suivante; prolongez AB en Q, de sorte que AB : l'Arc BK : : l'Arc BK : BQ, & faites AB + AQ : AQ : : DA : DH : : a : HC.

LI. Exemple 2. Si $ax^2 = y^3$ est l'Equation qui détermine la Relation entre BK & AD, vous aurez $2a\dot{x}x = 3\dot{y}y^2$, ou $2ax = 3zy^3$, d'où vous tirerez $2a\dot{x} = 3\dot{z}y^3 + 9z\dot{y}y^2$; $\dot{z}$ est donc =

$\frac{2ax}{3y^3}$ & $\dot{z} = \frac{2a - 9zzy^3}{3y^3}$; z & $\dot{z}$ étant connues faites $1 + zz - \dot{z} : 1 + zz :: DA : DH$, ou ayant réduit l'Opération à une meilleure forme, faites $9xx + 10 : 9xx + 4 :: DA : DH$.

LII. Exemple 3. De même si $ax^2 - bxy = y^3$ désigne la Relation de BK à AD, vous aurez $\frac{2ax - by}{bxy + 3y^3} = z$, & $\frac{2a - 2bzy - bz^3xy - 9z^3y^3}{bxy + 3y^3} = \dot{z}$; d'où vous pourrez déterminer la Ligne DH & le Point C.

LIII. De cette façon vous déterminerez aisément la Courbure des autres Spirales ; & à l'imitation des Régles que nous avons données vous pourrez en inventer d'autres pour toutes les Courbes.

LIV. Ce Problême est donc entierement discuté, mais comme il est singulier & que ma Méthode de Résolution est singuliere aussi ; je vais jetter les idées d'une autre façon de le résoudre, qui a plus de raport avec les manieres ordinaires de tirer les Tangentes, & qui d'ailleurs se présente plus naturellement. Si d'un Raïon quelconque vous décrivez un Cercle qui coupe en différents Points une Courbe quelconque, & si vous imaginez que ce Cercle s'étende ou se resserre de sorte que les deux Points d'intersection coincident, il touchera la Courbe en ce Point ; & outre cela si vous supposez que son Centre s'approche ou s'éloigne du Point de Contact jusqu'à ce que le troisiéme Point d'Intersection tombe sur les premiers au Point de Contact, ce Cercle aura la même Courbure que la Courbe dans ce Point de Contact, comme je l'ai insinué ci-devant dans la derniere des cinq propriétés du Centre de Courbure par le moyen de chacune desquelles j'ai assuré qu'on pouvoit résoudre le Problême d'une maniere différente.

LV. Du Centre C & du Raïon CD, ſoit donc décrit un Cercle qui coupe la Courbe aux Points d, D & δ ; abaiſſez les perpendiculaires DB, db, $\beta\delta$ & CF ſur l'Abciſſe AB ; nommez AB $= x$, BD $= y$, AF $= u$, FC $= t$, & DC $= s$, BF $= u - x$, & DB + FC $= y + t$; la ſomme de leur Quarrez eſt égale au quarré de DC, c'eſt-à-dire, $u^2 - 2ux + x^2 + y^2 + 2yt + t^2 = ss$; pour abréger faites $u^2 + t^2 - s^2 = q^2$, vous aurez $x^2 - 2ux + y^2 + 2ty + q^2 = 0$; trouvez t, u & q^2, & vous aurez $s = \sqrt{u^2 + t^2 - q^2}$.

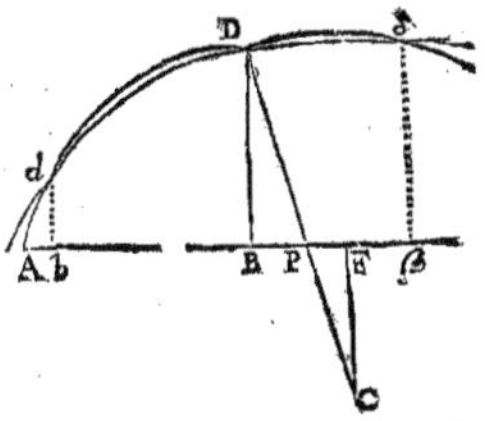

LVI. Soit donc donnée l'Equation à la Courbe, dont on cherche la Quantité de Courbure ; par le moyen de cette Equation vous exterminerez l'une ou l'autre des Quantités x ou y, & vous aurez une Equation dont les Racines db, DB, $\beta\delta$, dans le premier Cas ou Ab, AB, AQ dans le ſecond, ſeront aux Points d'Interſection d, D, δ, &c. Puis donc que trois de ces Lignes deviennent égales, le Cercle touche la Courbe & a en même temps le même degré de Courbure que la Courbe dans le Point de Contact ; elles deviendront égales en comparant l'Equation avec une autre Equation ſuppoſée, qui a le même nombre de Dimenſions & trois Racines égales, comme *Deſcartes* l'a fait voir ; mais on le fera encore plus promptement en multipliant les Termes deux fois par une Progreſſion Arithmétique.

LVII. Exemple. Soit l'Equation à la Parabole $ax = yy$; exterminez x en ſubſtituant ſa Valeur $\frac{yy}{a}$; vous aurez trois Equations dont les Racines y doivent être faites égales ; ainſi je multiplie les Termes deux fois par une Progreſſion Arithmétique, comme vous le voyez ici,

$$\begin{array}{llllll} \frac{y^4}{aa} & * & -\frac{2u}{a}y^2 & +2ty & +q^2 & = 0. \\ & & +y^2 & & & \\ 4 & * & 2 & 1 & 0 & \\ 3 & * & 1 & 0 & -1 & \\ \hline \frac{12y^4}{aa} & & -\frac{4u}{a}y^2 & +2y^2 & = 0. & \end{array}$$

& j'ai $\frac{12y^4}{a^2} - \frac{4u}{a}y^2 + 2y^2 = 0$, ou $u = \frac{3y^2}{a} + \frac{1}{2}a$, d'où vous tirerez aiſément que $BF = 2x + \frac{1}{2}a$, comme ci-devant.

LVIII. Un Point quelconque D de la Parabole étant donc donné, tirez DP perpendiculaire à la Courbe, & ſur l'Axe prenez PF = 2AB, élevez FC perpendiculaire à FA, qui rencontre DP en C, ce Point C ſera le Centre de Courbure.

LIX. On peut faire de même pour le trouver dans l'Ellipſe & dans l'Hyperbole, mais le Calcul ſera déſagréable, & en général dans les autres Courbes il ſera fort ennuyeux.

Des Queſtions qui ont raport au Problême précédent.

LX. La Réſolution de ce Problême nous en fournit d'autres comme,

1. *Trouver le Point ou la Courbe à un degré donné de Courbure.*

LXI. Ainſi dans la Parabole $ax = yy$, ſi l'on demande le Point ou le Raïon de Courbure eſt d'une longueur donnée f; par le Centre de Courbure trouvé ci-devant vous déterminerez le Raïon $= \frac{a+4x}{2a}\sqrt{aa+4xx}$, qu'il faut par conſéquent égaler à f; & après la Réduction vous aurez $x = -\frac{1}{4}a + \sqrt[3]{\frac{1}{16}aff}$.

2. *Trouver le Point de droiture.*

LXII. J'appelle le Point de droiture celui ou le Raïon de Courbure devient infini, ou bien ce qui revient au même, celui ou le Centre de Courbure eſt à une diſtance infinie, tel qu'il eſt au Sommet de la Parabole $a^3x = y^4$; ce même Point eſt ordinairement celui d'Infléxion que j'ai montré ci-devant la façon de déterminer; mais ce Problême-ci peut fournir une autre maniere qui eſt même aſſez élegante; plus le Raïon de Courbure eſt long, plus l'Angle DCd (*Fig. pag. 65.*) eſt petit, & par conſéquent le Moment δf; ainſi la Fluxion de la Quantité z diminue à meſure, & s'évanouït lorſque le Raïon devient infini; trouvez donc la Fluxion $\dot{z}$, & égalez-la à zero.

LXIII. Comme ſi vous voulez déterminer la Limite de l'Infléxion dans la Parabole de la ſeconde eſpece, dont *Deſcartes* ſe ſervoit pour conſtruire les Equations du ſixiéme degré, l'Equation à cette Courbe eſt $x^3 - bx^2 - cdx + bcd + dxy = 0$; ce qui donne $3\dot{x}x^2 - 2b\dot{x}x - cd\dot{x} + d\dot{x}y + dx\dot{y} = 0$; écrivez 1 pour

$\dot{x}$ & z pour $\dot{y}$, vous aurez $3x^2 - 2bx - cd + dy + dxz = 0$ d'où $6\dot{x}x - 2b\dot{x} + d\dot{y} + dxz + dx\dot{z} = 0$; mettez encore 1 pour $\dot{x}$, z pour $\dot{y}$ & 0 pour $\dot{z}$, vous aurez $6x + 2b + 2dz = 0$, ou $dz = b - 3x$; exterminez z en substituant cette Valeur dans l'Equation $3xx - 2bx - cd + dy + dxz = 0$, & vous aurez $-bx - cd + dy = 0$, ou $y = c + \frac{bx}{d}$; ce qui étant substitué au lieu de y dans l'Equation à la Courbe, donne $x^3 + bcd = 0$, pour déterminer la Limite de l'Infléxion.

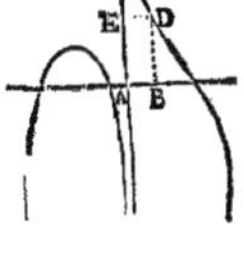

LXIV. Par une semblable Méthode vous pourrez déterminer les Points de droiture qui ne tombent pas dans les Limites de l'Infléxion, comme si l'Equation à la Courbe est $x^4 - 4ax^3 + 6a^2x^2 - b^3y = 0$, vous aurez d'abord $4x^3 - 12ax^2 + 12a^2x - b^3z = 0$, & de la $12x^2 - 24ax + 12a^2 - b^3z = 0$; supposez $z = 0$, vous trouverez $x = a$; ainsi prenez AB $= a$, & élevez la perpendiculaire BD, elle rencontrera la Courbe au Point de droiture D.

3. *Trouver le Point de Courbure infinie.*

LXV. Trouvez le Raïon de Courbure & égalez-le à zero. Dans la Parabole de la seconde espece dont l'Equation est $x^3 = ay^2$, le Raïon CD sera $= \frac{4a + 9x}{6a} \sqrt{4ax + 9xx}$; qui est égal à zero lorsque $x = 0$.

4. *Déterminer le Point de la plus grande ou de la moindre Courbure.*

LXVI. Dans ces Points le Raïon de Courbure devient ou un plus grand ou un moindre, ainsi le Centre de Courbure dans cet instant n'avance ni ne recule vers le Point de Contact, mais il est en repos ; trouvez donc la Fluxion du Raïon CD, ou plûtôt celle des Lignes BH ou AK, & égalez-la à zero.

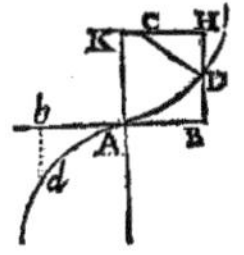

LXVII. Dans la Parabole de la seconde espece $x^3 = a^2y$ en déterminant le Centre de Courbure vous trouverez d'abord DH $= \frac{aa + 9xy}{6x}$; & par conséquent BH $= \frac{aa + 15xy}{6x}$;

faites BH $= u$, c'est-à-dire, $\frac{aa}{6x} + \frac{1}{2}y = u$, vous aurez $-\frac{a^2\dot{x}}{6xx} + \frac{1}{2}\dot{y} = \dot{u}$; supposez maintenant $\dot{u}$ ou la Fluxion de BH $= 0$; de plus puisque $x^3 = a^2y$, vous aurez $3\dot{x}x^2 = a^2\dot{y}$, mettant 1 pour $\dot{x}$ & $\frac{3x^2}{a^2}$ pour $\dot{y}$; vous aurez $45x^4 = a^4$; prenez donc AB $= a\sqrt[4]{\frac{1}{45}} = a \times \overline{45}^{-\frac{1}{4}}$; élevez la perpendiculaire BD, elle rencontrera la Courbe au Point de la plus grande Courbure, ou bien ce qui est la même chose, faites AB : BD : : $3\sqrt{5}$: 1.

LXVIII. On trouvera de la même maniere que l'Hyperbole de la seconde espece dont l'Equation est $xy^2 = a^3$ est le plus courbée aux Points D & d, ce que vous pourrez déterminer en prenant sur l'Abcisse la Ligne AQ $= 1$, élevant la perpendiculaire QP $= \sqrt{5}$, & Qp de l'autre côté aussi $= \sqrt{5}$, & en tirant AP & Ap; car elles rencontreront la Courbe aux Points cherchés D & d.

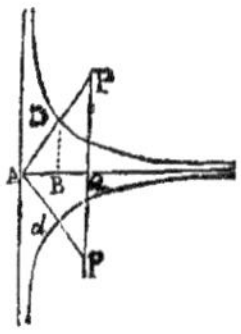

5. *Déterminer le lieu du Centre de Courbure, ou bien la Courbe où ce Centre se trouve toujours.*

LXIX. Nous avons déja fait voir que le Centre de Courbure d'une Trochoïde se trouve toujours dans une autre Trochoïde. De même le Centre de Courbure de la Parabole se trouve toujours dans une Parabole de la seconde espéce, dont l'Equation est $axx = y^3$, comme on le verra aisément par le Calcul.

6. *Trouver le Foier lumineux d'une Courbe, ou bien le concours des Raïons rompus par chacun de ses Points.*

LXX. Trouvez la Courbure de la Courbe à ce Point; du Centre & du Raïon de Courbure décrivez un Cercle & trouvez le concours des Raïons rompus par le Cercle dans ce Point, il sera le même que celui des Raïons rompus par la Courbe.

LXXI. On peut ajouter à ces Problêmes une façon particuliere de trouver la Courbure aux Sommets des Courbes lorsqu'elles coupent leurs Abcisses à Angles droits; car dans ce cas le Point où la perpendiculaire à la Courbe coupe l'Abcisse est le Centre de Courbure; ainsi la Relation donnée de l'Abcisse x & de l'Ordonnée perpendiculaire y ; donnera celle des Fluxions $\dot{x}$ & $\dot{y}$; & le Raïon de Courbure sera la Valeur de $y\dot{y}$, après avoir fait $1 = \dot{x}$ & $y = 0$.

LXXII. Ainsi dans l'Ellipse $ax - \frac{a}{b}xx = yy$, on a $\frac{a\dot{x}}{2} - \frac{ax\dot{x}}{b} = y\dot{y}$; supposant dans la premiere Equation $y = 0$, on a $x = b$, & mettant dans la seconde b au lieu de x & 1 au lieu de $\dot{x}$, on trouve $\dot{y}y = \frac{1}{2}a =$ la longueur du Raïon de Courbure ; & de même aux Sommets de l'Hyperbole & de la Parabole, le Raïon de Courbure sera toujours la moitié du Parametre.

LXXIII. De même dans la Conchoïde représentée par l'Equation $\frac{b^2c^2}{xx} + \frac{2bc}{x} \frac{+cc}{-bb} - 2bx - xx = yy$, la Valeur de $\dot{y}y$ sera $- \frac{b^2c^2}{x^3} - \frac{bc^2}{x^2} - b - x$; supposez donc $y = 0$, & par conséquent $x = c$ ou $-c$, vous aurez $- \frac{bb}{c} - 2b - c$, ou $\frac{bb}{c} - 2b + c$, pour le

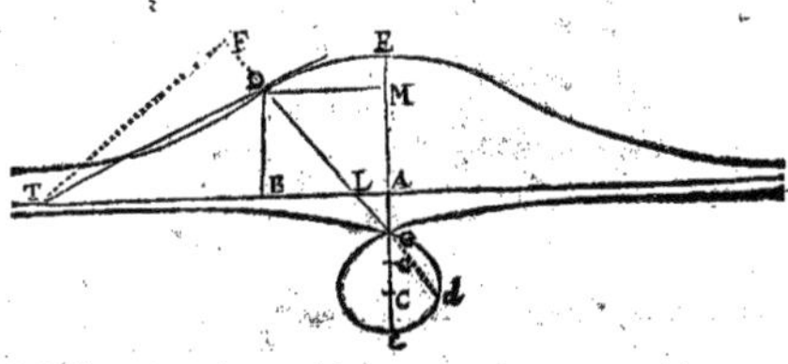

Raïon de Courbure ; faites donc AE : EG : : EG : EC ; & Ae : eG : : eG : ec, & vous aurez les Centres de Courbure C & c, aux Sommets E & e des Conchoïdes conjuguées.

PROBLEME

PROBLEME VI.

Déterminer dans les Courbes la Quantité de la Courbure à un Point donné quelconque.

I. PAR *Qualité de la Courbure*, j'entends ici sa Forme, eu égard à son plus ou moins d'uniformité, ou à son plus ou moins de variation dans les differentes parties de la Courbe; ainsi on peut dire que la Qualité de la Courbure d'un Cercle est uniforme ou invariable; dans une Spirale décrite par le Mouvement acceleré du Point D de A vers D, & emporté par la droite AK, tournant uniformément autour du Point A, l'accéleration étant telle que la droite AD soit toujours en même Raport avec l'Arc AK, la Qualité de la Courbure sera variée uniformément, c'est-à-dire, également inégale. On peut dire que d'autres Courbes dans différentsPoints ont la Courbure inégalement inégale, selon la variation de cette Courbure.

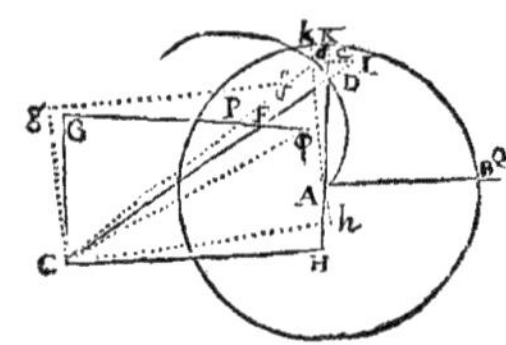

II. On demande donc l'inégalité ou la variation de Courbure dans chaque Point de la Courbe, & sur cela on peut observer,

III. 1. Qu'aux Points semblablement placés dans les Courbes semblables, la variation de Courbure est semblable.

IV. 2. Qu'à ces Points les Moments des Raïons de Courbure sont proportionels aux Moments contemporains des Courbes, & les Fluxions aux Fluxions.

V. 3. Ainsi lorsque ces Fluxions ne seront pas proportionelles; la variation de Courbure ne sera pas semblable; car la variation est plus grande où la raison de la Fluxion du Raïon de Courbure à la Fluxion de la Courbe est aussi plus grande; cette raison des Fluxions peut donc être regardée comme l'Indice de la variation de la Courbure.

VI. Aux Points D & d indéfiniment près l'un de l'autre dans la Courbe ADd, soient tirés les Raïons de Courbure DC, dc ; Dd étant le Moment de la Courbe, Cc sera le Moment contemporain du Raïon de Courbure, & $\frac{Cc}{Dd}$ sera l'Indice de la variation de la Courbure ; car cette variation sera précisement telle & aussi grande que la Quantité du Raport $\frac{Cc}{Dd}$ l'indiquera. Ou bien ce qui revient au même, la Courbure sera précisément différente d'autant de la Courbure uniforme du Cercle.

VII. Abaissez maintenant les Lignes DB, db, Ordonnées perpendiculaires à une Ligne AB qui rencontre DC en P ; faites AB $= x$, BD $= y$, DP $= t$, DC $= u$; par conséquent Bb $= \dot{x}o$, Cc $= \dot{u}o$, & BD : DP : : Bb : Dd $= \frac{\dot{x}ot}{y}$ & $\frac{Cc}{Dd} = \frac{\dot{u}y}{\dot{x}t} = \frac{\dot{u}y}{t}$, en faisant $\dot{x} = 1$. La Relation de x & y étant donc donnée par une Equation quelconque ; & par les Prob. 4 & 5, la perpendiculaire DP ou t, le Raïon de Courbure u, la Fluxion $\dot{u}$ de ce Raïon étant trouvés, l'indice $\frac{\dot{u}y}{t}$ de la variation de Courbure sera aussi donné.

VIII. Exemple 1. Soit donnée l'Equation à la Parabole $2ax = yy$, vous aurez par le Prob. 4, BP $= a$, & par conséquent DP $= \sqrt{aa + yy} = t$; par le Prob. 5, BF $= a + 2x$, & BP : DP : : BF : DC $= \frac{at + 2tx}{a} = u$; mais les Equations $2ax = yy$; $aa + yy = tt$, & $\frac{at + 2tx}{a} = u$, donnent $2a\dot{x} = 2y\dot{y}$, $2y\dot{y} = 2t\dot{t}$, & $\frac{a\dot{t} + 2\dot{t}x + 2t\dot{x}}{a} = \dot{u}$; mettant 1 au lieu de $\dot{x}$, vous aurez $\dot{y} = \frac{a}{y}$, $\dot{t} = \frac{\dot{y}y}{t} = \frac{a}{t}$, & $\dot{u} = \frac{a\dot{t} + 2\dot{t}x + 2t}{a}$, ayant donc ainsi trouvé $\dot{y}$, $\dot{t}$ & $\dot{u}$, vous aurez l'Indice $\frac{\dot{u}y}{t}$ de la variation de la Courbure.

IX. Comme si on supposoit en Nombres que $a = 1$; ou $2x = yy$ & $x = \frac{1}{2}$, alors $y = \sqrt{2x} = 1$, $\dot y = \frac{a}{y} = 1$, $t = \sqrt{aa + yy} = \sqrt{2}$, $\dot t = \frac{a}{t} = \sqrt{\frac{1}{2}}$, & $\dot u = \frac{\dot t + 2\dot t x + 2t}{a} = 3\sqrt{2}$; ainsi $\frac{\dot u y}{t} = 3$; qui par conséquent est le Nombre qui indique la variation de la Courbure.

X. Si $x = 2$, alors $y = 2$, $\dot y = \frac{1}{2}$, $t = \sqrt{5}$, $\dot t = \sqrt{\frac{1}{5}}$, & $\dot u = 3\sqrt{5}$; ainsi $\frac{\dot u y}{t} = 6$ indique ici la variation de la Courbure.

XI. Ainsi dans cette Parabole au Point ou l'Ordonnée perpendiculaire à l'Axe est égale au Parametre, la variation de la Courbure est double de celle du Point ou l'Ordonnée n'est que la moitié de ce Parametre ; c'est-à-dire, la Courbure de ce premier Point differe de celle du Cercle une fois plus que celle du second Point.

XII. Exemple 2. Soit l'Equation $2ax - bxx = yy$; par le Prob. 4. vous aurez $a - bx = $ BP, & de la $tt = aa - 2abx + bbxx + yy = aa - byy + yy$. Par le Prob. 5. $DH = y + \frac{y^3 - by^3}{aa}$, & substituant $tt - aa$ au lieu de $yy - byy$, vous aurez $DH = \frac{tty}{aa}$; & BD : DP :: DH : $DC = \frac{t^3}{a^2} = u$; Mais les Equations $2ax - bxx = yy$, $aa - byy + yy = tt$, & $\frac{t^3}{a^2} = u$ donnent $a - bx = \dot y y$, $\dot y y - b\dot y y = \dot t t$, & $\frac{3\dot t tt}{aa} = \dot u$; ayant donc trouvé $\dot u$ vous aurez aussi $\frac{\dot u y}{t}$ qui est l'Indice de la variation de la Courbure.

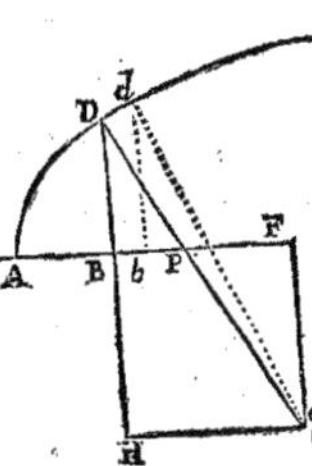

XIII. Ainsi dans l'Ellipse $2x - 3xx = yy$, où $a = 1$, & $b = 3$; si nous faisons $x = \frac{1}{2}$, nous aurons $y = \frac{1}{2}$, $\dot{y} = -1$, $t = \sqrt{\frac{1}{2}}$, $\dot{t} = \sqrt{2}$, $u = 3\sqrt{\frac{1}{2}}$, & par conséquent $\frac{\dot{u}y}{t} = \frac{1}{2}$ nombre qui indique la variation de la Courbure. D'où l'on voit que la Courbure de cette Ellipse à ce Point D est deux fois moins inégale ou deux fois plus semblable à la Courbure d'un Cercle que la Courbure de la Parabole au Point où l'Ordonnée égale la moitié du Parametre.

XIV. Si nous comparons les Conclusions tirées de ces Exemples, nous verrons que dans la Parabole dont l'Equation est $2ax = yy$, l'Indice $\frac{\dot{u}y}{t}$ sera $= \frac{3y}{a}$; que dans l'Ellipse dont l'Equation est $2ax - bxx = yy$, cet Indice $\frac{\dot{u}y}{t} = \frac{3y - 3by}{aa} \times BP$; & que dans l'Hyperbole par Analogie $\frac{\dot{u}y}{t} = \frac{3y + 3by}{aa} \times BP$; d'où il est évident qu'aux différents Points d'une Section Conique quelconque considerée seule & séparément, la variation de Courbure est comme le Rectangle $BD \times BP$, & qu'aux différents Points de la Parabole elle est comme l'Ordonnée BD.

XV. Comme la Parabole est la figure la plus simple de toutes celles qui ont une Courbure inégale, & comme la variation de sa Courbure se détermine fort aisément, puisque l'Indice de cette variation est $\frac{6 \times \text{Ordonnée}}{\text{Parametre}}$; les Courbures des autres Courbes pourront fort bien être comparées avec la Courbure de la Parabole.

XVI. Comme si l'on demandoit qu'elle est la Courbure de l'Ellipse $2x - 3xx = yy$, au Point du Perimetre ou $x = \frac{1}{2}$; l'on a trouvé ci-devant que l'Indice est $\frac{1}{2}$ ainsi l'on peut répondre qu'elle est comme la Courbure de la Parabole $6x = yy$, au Point de cette Courbe, ou l'Ordonnée perpendiculaire à l'Axe est égale à $\frac{1}{2}$.

XVII. De même comme la Fluxion de la Spirale ADE est à

la Fluxion de la Soutendante AD, dans une Raison donnée; par Exemple, comme $d : e$; élevez sur la concavité de cette Courbe la Ligne AP $\left(= \frac{e}{\sqrt{dd - ee}} \times AD\right)$ Perpendiculaire sur AD; P sera le Centre de Courbure, & $\frac{AP}{AD}$ ou $\frac{e}{\sqrt{dd - ee}}$, sera l'Indice de la variation, de sorte que cette Spirale a partout une variation semblable de Courbure, comme celle que la Parabole $6x = yy$ a dans le Point où l'Ordonnée perpendiculaire à l'Abcisse est égale à $\frac{e}{\sqrt{dd - ee}}$.

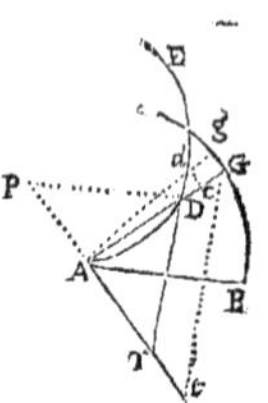

XVIII. De même l'Indice de la variation de Courbure d'un Point quelconque de la Trochoïde, (Voyez *Fig. de l'Art. 29. pag. 69.*) est $\frac{AB}{BL}$; ainsi sa Courbure à ce même Point D est aussi differente de celle d'un Cercle que la Courbure d'une Parabole quelconque $ax = yy$ au Point où l'Ordonnée est $\frac{1}{2}a \times \frac{AB}{BL}$.

XIX. Ces Réfléxions suffisent pour faire sentir le sens dans lequel j'ai pris ce Problême, & quand une fois on l'aura bien conçu il n'y aura plus de difficulté à faire d'autres Exemples, & même à trouver d'autres manieres d'opérer lorsqu'on en aura besoin; de sorte qu'il sera toujours aisé à l'ennui près du Calcul de traiter des Problêmes de même espece comme pourroient être les suivants.

1. *Dans une Courbe quelconque trouver le Point où la variation de la Courbure est la plus grande ou la moindre, infinie ou nulle.*

XX. Par Exemple, aux Sommets des Sections Coniques la variation de la Courbure est nulle, à la pointe de la Trochoïde elle est infinie; dans l'Ellipse elle est la plus grande aux Points où le Rectangle BD × BP est le plus grand.

2. *Déterminer une Courbe d'une espece définie, par exemple, une Section Conique dont la Courbure à un Point quelconque soit égale & semblable à la Courbure d'un Point donné d'une autre Courbe quelconque.*

3. *Déterminer une Section Conique à un Point quelconque de laquelle la Courbure & la position de la Tangente par raport à l'Axe*

soit semblable à la Courbure & à la position de la Tangente à un Point donné d'une autre Courbe quelconque.

XXI. Ce Problême peut avoir son usage ; car au lieu des Ellipses de la seconde espece dont *Descartes* a démontré les propriétés pour rompre la lumiere, on peut substituer les Sections Coniques qui feront la même chose à très-peu près. La même chose doit s'entendre des autres Courbes.

PROBLEME VII.

Trouver autant de Courbes que l'on voudra dont les Aires soient exprimées par des Equations finies.

I. AU Sommet A de l'Abcisse AB d'une Courbe, soit élevée la perpendiculaire AC $= 1$, & soit CE parallele à AB ; soit aussi DB une Ordonnée perpendiculaire qui rencontre CE en E, & la Courbe AD en D ; concevez que les Aires ACEB & ADB sont produites par le Mouvement des droites BD & BE le long de la Ligne AB ; les augmentations de ces Aires ou leur Fluxions seront toujours comme ces Lignes BD & BE ; ainsi le Parallelogramme ACEB ou AB $\times 1 = x$, & l'Aire de la Courbe ADB $= z$; les Fluxions $\dot{x}$ & $\dot{z}$ seront comme BE & BD ; de sorte que faisant $\dot{x} = 1 =$ BE, $\dot{z}$ sera $=$ BD.

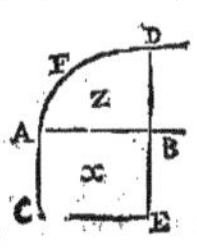

II. Si donc on prend une Equation quelconque pour déterminer la Relation de x & de z, on en tirera la Valeur de $\dot{z}$, & l'on aura ainsi deux Equations, dont l'une déterminera la Courbe & l'autre son Aire.

EXEMPLE.

III. Prenez $xx = z$, vous aurez $2\dot{x}x = \dot{z}$, ou $2x = \dot{z}$, parce que $\dot{x} = 1$.

IV. Prenez $\frac{x^3}{a} = z$, vous aurez $\frac{3x^2}{a} = \dot{z}$, Equation à la Parabole.

V. Prenez $ax^3 = zz$, ou $a^{\frac{1}{2}}x^{\frac{3}{2}} = z$, vous aurez $\frac{3}{2}a^{\frac{1}{2}}x^{\frac{1}{2}} = \dot{z}$, ou $\frac{2}{4}ax = \dot{z}\dot{z}$, Equation encore à la Parabole.

VI. Prenez $a^6x^{-2} = zz$, ou $a^3x^{-1} = z$, vous aurez $-a^3x^{-2} = \dot{z}$, ou $a^3 + \dot{z}xx = 0$. La Valeur négative de $\dot{z}$ marque seulement que BD doit être prise du côté opposé à BE.

VII. Si vous prenez $c^2a^2 + c^2x^2 = z^2$, vous aurez $2c^2x = 2z\dot{z}$, & après avoir exterminé z, $\frac{cx}{\sqrt{aa+xx}} = \dot{z}$.

VIII. Ou si vous prenez $\frac{aa+xx}{b}\sqrt{aa+xx} = z$; faites $\sqrt{aa+xx} = u$, vous aurez $\frac{u^3}{b} = z$, & $\frac{3\dot{u}u^2}{b} = \dot{z}$; l'Equation $aa + xx = uu$ donne $2x = 2\dot{u}u$, exterminez $\dot{u}$ & vous aurez $\frac{3ux}{b} = \dot{z} = \frac{3x}{b}\sqrt{aa+xx}$.

IX. Enfin si vous prenez $8 - 3xz + \frac{1}{2}z = zz$; vous aurez $-3z - 3x\dot{z} + \frac{1}{2}\dot{z} = 2z\dot{z}$; au moyen de la premiere Equation vous trouverez l'Aire z, & l'Ordonnée $\dot{z}$ par l'Equation qui vous résultera.

X. Ainsi vous pourrez toujours par les Aires déterminer les Ordonnées ausquelles elles appartiennent.

PROBLEME VIII.

Trouver autant de Courbes que l'on voudra, dont les Aires soient à l'Aire d'une autre Courbe donnée dans un raport qui puisse être exprimé par des Equations finies.

I. SOIT FDH une Courbe donnée, & GEI la Courbe cherchée; concevez que leur Ordonnées DB & EC se meuvent perpendiculairement sur leurs Aboisses ou Bases AB & AC; les

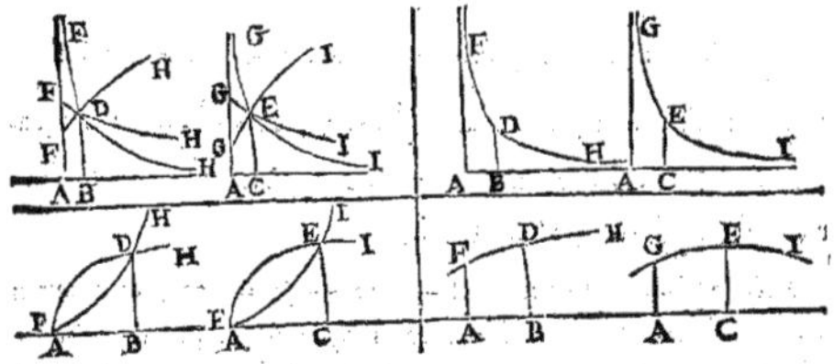

augmentations ou Fluxions des Aires qu'elles décrivent, seront comme les Ordonnées multipliées par les Vitesses de leurs Mouvements, c'est-à-dire, par les Fluxions de leurs Abcisses; faites donc AB $= x$, BD $= u$, AC $= z$, & CE $= y$, l'Aire AGEC $= t$; les Fluxions de ces Aires seront $\dot{s}$ & $\dot{t}$, & vous aurez $\dot{x}u : \dot{z}y :: \dot{s} : \dot{t}$, faisant donc $\dot{x} = 1$ & $u = \dot{s}$, vous aurez $\dot{z}y = \dot{t}$, ou $\frac{\dot{t}}{\dot{z}} = y$.

II. Ainsi deux Equations quelconques étant données, dont l'une exprime la Relation des Aires s & t, & l'autre la Relation de leurs Abcisses x & z, vous aurez les Valeurs de $\dot{t}$ & de $\dot{z}$, qu'il ne faudra plus que substituer dans l'Equation $\frac{\dot{t}}{\dot{z}} = y$.

III.

III. Exemple 1. Supposons que la Courbe donnée FDH, soit un Cercle representé par l'Equation $ax - xx = uu$, & que l'on cherche d'autres Courbes dont les Aires soient égales à celles de ce Cercle ; par l'Hypothese $s = t$, donc $\dot{s} = \dot{t}$ & $y = \frac{\dot{t}}{\dot{z}} = \frac{u}{\dot{z}}$, reste à déterminer $\dot{z}$ par l'Equation donnée entre x & z.

IV. Comme si $ax = zz$, a sera $= 2\dot{z}z$, mettant donc $\frac{a}{2z}$ au lieu de $\dot{z}$, $y = \frac{u}{\dot{z}}$ sera $= \frac{2uz}{a}$; mais $u = \sqrt{ax - xx} = \frac{z}{a}\sqrt{aa - zz}$, donc $\frac{2zz}{aa}\sqrt{aa - zz} = y$ est l'Equation à la Courbe dont l'Aire est égale à celle du Cercle.

V. De même si $xx = z$, $2x$ sera $= \dot{z}$ & $y = \frac{u}{\dot{z}} = \frac{u}{2x}$; exterminant u & x, y sera $= \frac{\sqrt{az^{\frac{1}{2}} - z}}{2z^{\frac{1}{2}}}$.

VI. Ou si $cc = xz$, o sera $= z + x\dot{z}$ & $-\frac{ux}{z} = y = -\frac{c^5}{z^3}\sqrt{az - cc}$.

VII. Ou bien si $ax + \frac{s}{1} = z$, $a + \dot{s}$ sera $= \dot{z}$ & $\frac{u}{a + \dot{s}} = y = \frac{u}{a + u}$, ce qui désigne une Courbe Mécanique.

VIII. Exemple 2. Soit encore donné le Cercle $ax - xx = uu$, & que les Courbes cherchées soient telles que leurs Aires ayent une Relation quelconque donnée à l'Aire du Cercle ; si vous prenez $cx + s = t$, & que vous supposiez $ax = zz$; vous aurez $c + \dot{s} = \dot{t}$, & $a = 2\dot{z}z$; ainsi $y = \frac{\dot{t}}{\dot{z}}$ sera $= \frac{2cz + 2\dot{s}z}{a}$; & substituant $\sqrt{ax - xx}$ pour $\dot{s}$ & $\frac{zz}{a}$ pour x, y sera $= \frac{2cz}{a} + \frac{zz}{aa}\sqrt{aa - zz}$.

IX. Mais si vous prenez $s - \frac{2u^3}{3a} = t$ & $x = z$, vous aurez $\dot{s} - \frac{2uu\dot{u}}{a} = \dot{t}$ & $1 = \dot{z}$; ainsi $y = \frac{\dot{t}}{\dot{z}}$ sera $= \dot{s} - \frac{2uu\dot{u}}{a}$, ou $= u$

$-\frac{2\dot{u}u^3}{a}$; exterminant $\dot{u}$ au moyen de l'Equation $ax - xx = uu$, qui donne $a - 2x = 2\dot{u}u$, vous aurez $y = \frac{2ux}{a}$, & ſubſtituant $\sqrt{ax - xx}$ & z Valeurs de u & de x, vous aurez enfin $y = \frac{2z}{a}\sqrt{az - zz}$.

X. Si $ss = t$ & $x = zz$, $2\dot{s}s$ ſera $= \dot{t}$ & $1 = 2\dot{z}z$; ainſi $y = \frac{\dot{t}}{\dot{z}}$ ſera $= 4\dot{s}sz$, ſubſtituant $\sqrt{ax - xx}$ & zz pour $\dot{s}$ & x, vous aurez $y = 4szz\sqrt{u - zz}$. Equation à une Courbe Mécanique.

XI. Exemple 3. On peut de la même maniere trouver des Figures qui ayent une Relation donnée avec telle autre Figure donnée que l'on voudra. Soit donnée l'Hyperbole $cc + xx = uu$, ſi vous prenez $s = t$ & $xx = cz$, vous aurez $\dot{s} = \dot{t}$ & $2x = c\dot{z}$; ainſi $y = \frac{\dot{t}}{\dot{z}}$ ſera $= \frac{c\dot{s}}{2x}$; ſubſtituant $\sqrt{cc + xx}$ pour $\dot{s}$, & $c^{\frac{1}{2}}z^{\frac{1}{2}}$ pour x, vous aurez $y = \frac{c}{2z}\sqrt{cz + zz}$.

XII. Et de même ſi vous prenez $xu - s = t$, & $xx = cz$, vous aurez $u + \dot{u}x - \dot{s} = \dot{t}$ & $2x = c\dot{z}$; mais $u = \dot{s}$ & par conſéquent $\dot{u}x = \dot{t}$; ainſi $y = \frac{\dot{t}}{\dot{z}}$ ſera $= \frac{c\dot{u}}{2}$; de plus $cc + xx = uu$ donne $x = \dot{u}u$; ainſi $y = \frac{cx}{2u}$; & ſubſtituant $\sqrt{cc + xx}$ pour u, & $c^{\frac{1}{2}}z^{\frac{1}{2}}$ pour x, y ſera $= \frac{cz}{2\sqrt{cz + zz}}$.

XIII. Exemple 4. Si l'on vouloit rapporter d'autres Figures à la Ciſſoïde donnée $\frac{xx}{\sqrt{ax - xx}} = u$ & que leur Relation fut $\frac{x}{3}\sqrt{ax - xx} + \frac{2}{3}s = t$; faites $\frac{x}{3}\sqrt{ax - xx} = h$, vous aurez $\dot{h} + \frac{2}{3}\dot{s} = \dot{t}$; mais l'Equation $\frac{ax^3 - x^4}{9} = hh$ donne $\frac{3ax^2 - 4x^3}{9} = 2\dot{h}h$; exterminant h, $\dot{h}$ ſera $= \frac{3ax - 4xx}{6\sqrt{ax - xx}}$; de plus $\frac{2}{3}\dot{s} = \frac{2}{3}u = \frac{4xx}{6\sqrt{ax - xx}}$ Donc $\frac{ax}{2\sqrt{ax - xx}} = \dot{t}$. Pour déterminer z & $\dot{z}$ prenez $\sqrt{aa - ax} = z$, vous aurez $-\dot{a} = 2z\dot{z}$ ou $\dot{z} = -\frac{\dot{a}}{2z}$; ainsi $y = \frac{\dot{t}}{\dot{z}}$ sera $= \frac{-2x}{\sqrt{ax - xx}}$ $= \frac{\sqrt{zax}}{a - x} = \sqrt{ax} = \sqrt{aa - zz}$; comme cette Equation appartient au Cercle vous aurez le Raport des Aires du Cercle & de la Cissoïde.

XIV. Si vous prenez $\frac{2x}{3}\sqrt{ax - xx} + \frac{1}{3}s = t$, & $x = z$, vous en tirerez $y = \sqrt{az - zz}$, Equation qui appartient encore au Cercle.

XV. Et tout de même si une Courbe Mécanique quelconque étoit donnée, on pourroit trouver d'autres Courbes Mécaniques. Mais pour avoir des Courbes Géometriques il convient que quelqu'une des Lignes droites qui dépendent Géometriquement les unes des autres soit prise pour l'Abcisse ou Baze, & que l'on cherche l'Aire qui complette le Parallelogramme en supposant sa Fluxion égale à l'Abcisse multipliée par la Fluxion de l'Ordonnée.

XVI. Exemple 5. Ainsi la Trochoïde ADF étant proposée, je la rapporte à l'Abcisse AB, & le Parallelogramme ABDG étant achevé, je cherche la Surface de complement ADG, en la supposant décrite par le Mouvement de la droite GD, dont par conséquent la Fluxion est égale à la Ligne GD, multipliée

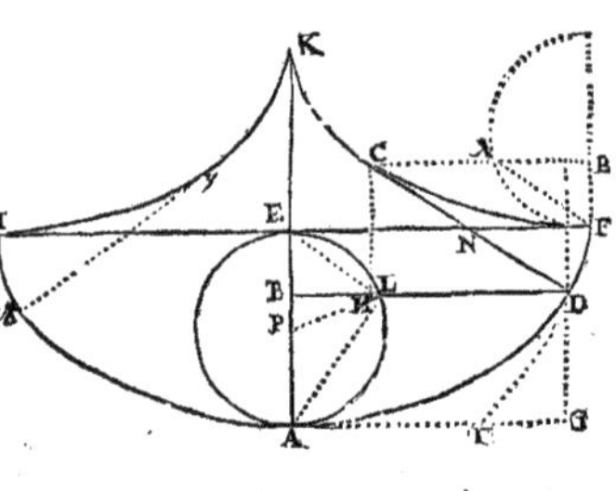

par la Vitesse du Mouvement, c'est-à-dire, $= x \times \dot{u}$; mais comme AL est parallele à la Tangente DT, AB sera à BL comme la Fluxion de la même AB à la Fluxion de l'Ordonnée BD, c'est-à-dire comme $1 : \dot{u}$; ainsi $\dot{u} = \frac{BL}{AB}$, & $x\dot{u} = BL$; ainsi l'Aire ADG est décrite par la Fluxion BL, & comme l'Aire Circulaire ALB est décrite aussi par la même Fluxion, ces deux Aires seront égales.

XVII. De même si vous imaginez que ADF soit une Figure d'Arcs ou de Sinus verses, c'est-à-dire, si vous supposez l'Ordonnée BD égale à l'Arc AL; la Fluxion de l'Arc AL sera à la Fluxion de l'Abcisse AB comme PL est à BL, ou $\dot{u} : 1 :: \frac{1}{2} : \sqrt{ax - xx}$, & $\dot{u} = \frac{a}{2\sqrt{ax - xx}}$; la Fluxion $\dot{u}x$ de l'Aire ADG sera $\frac{ax}{2\sqrt{ax - xx}}$: Si donc on imagine une droite $\frac{ax}{2\sqrt{ax - xx}}$ appliquée perpendiculairement à un Point B de la droite AB, elle sera terminée par une Courbe Géometrique dont l'Aire adjacente à l'Abcisse AB sera égale à l'Aire ADG.

XVIII. Et de même on peut trouver des Figures Géometriques égales à d'autres Figures formées par l'application sous un Angle quelconque des Arcs d'un Cercle, d'une Hyperbole, ou d'une autre Courbe quelconque, sur les Sinus droits ou verses de ces Arcs, ou sur toutes les autres Lignes droites qui peuvent être déterminées Géometriquement.

XIX. La façon ne sera pas longue pour les Spirales. Du Centre A de Rotation, & du Raïon quelconque AG, soit décrit l'Arc DG, qui coupe la droite AF en G & la Spirale en D. Cet Arc comme une Ligne qui se meut sur l'Abcisse AG, décrit l'Aire de la Spirale AHDG; ainsi la Fluxion de cette Aire est à la Fluxion du Rectangle $1 \times AG$, comme l'Arc GD est à 1; élevez la perpendiculaire GL égale à cet Arc, elle décrira en se mouvant de même sur la Ligne AG l'Aire AlLG égale à l'Aire de la Spirale* AHDG, & la Courbe AlL sera Géometrique; de plus tirez la Soutendente AL, le Triangle ALG sera $= \frac{1}{2}AG \times GL = \frac{1}{2}AG \times GD =$ au Secteur AGD; ainsi les Segments de complement ALl & ADH seront aussi égaux. Ceci convient non seulement à la Spirale d'*Archimede*, ou AlL devient la Parabole d'*Apollonius*, mais à toutes les Spirales quelconques; de sorte qu'elles peuvent toutes se convertir aisément en Courbes Géometriques égales.

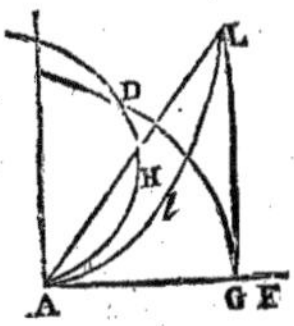

XX. J'aurois pû donner un plus grand nombre d'Essais sur la

Construction de ce Problême ; mais ceux-ci suffisent, car ils ont une generalité si grande qu'elle embrasse tout ce qui a été trouvé sur les Aires des Courbes, & je crois même tout ce qu'on pourra trouver à cet égard, & cela avec une facilité de le déterminer, dont les Méthodes ordinaires d'opérer ne peuvent approcher.

XXI. Mais le principal usage de ce Problême & du précédent est de trouver des Courbes comparables avec les Sections Coniques ou d'autres Courbes de grandeur connue, & de disposer par Ordre & dans une Table les Equations qui les définissent ; car cette Table étant construite, il n'y aura qu'à voir si l'Equation de la Courbe dont on cherche l'Aire s'y trouve, ou bien si elle peut se transformer en une autre Equation qui s'y trouve ; car alors l'Aire pourra toujours être connue. Outre qu'une Table de cette espece peut s'appliquer à la détermination de la longueur des Courbes, à l'invention de leurs Centres de gravité, des Solides produits par leur Révolution, des Surfaces de ces Solides, & en général à trouver une autre Quantité Fluente quelconque, produite par une Fluxion qui lui est analogue.

PROBLEME IX.

Trouver l'Aire d'une Courbe proposée quelconque.

I. La Résolution de ce Problême dépend de celle du Prob. 2. où par la Relation donnée des Fluxions, on trouve celle des Fluentes. Concevez comme ci-devant que la droite BD perpendiculaire à l'Abcisse AB décrive par son Mouvement l'Aire cherchée AFDB, & qu'en même temps une Ligne égale à l'unité décrive de l'autre côté de AB le Parallelogramme ABEC ; si vous supposez que BE soit la Fluxion de ce Parallelogramme, BD sera la Fluxion de l'Aire cherchée.

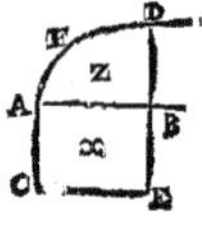

II. Ainsi faites AB $= x$, ABEC sera $= 1 \times x = x$, & BE $= \dot{x}$; nommez z l'Aire AFDB, BD sera $= \dot{z} = \frac{\dot{z}}{\dot{x}}$ puisque $\dot{x} = 1$; ainsi l'Equation qui exprimera BD exprimera en même temps le

Raport de $\frac{\dot{z}}{\dot{x}}$, & par le premier Cas du Prob. 2. vous trouverez la Relation des Quantités Fluentes x & z.

III. EXEMPLE. 1. Lorsque BD ou $\dot{z}$ est égal à quelque Quantité simple.

IV. Comme si vous avez $\frac{xx}{a} = \dot{z}$ ou $\frac{\dot{z}}{\dot{x}}$, Equation à la Parabole, vous aurez par le Prob. 2. $\frac{x^3}{3a} = z$, d'où $\frac{x^3}{3a} = \frac{1}{3}$ AB $\times$ BD $=$ à l'Aire de la Parabole AFDB.

V. Si vous avez $\frac{x^3}{aa} = \dot{z}$, Equation à la Parabole de la seconde espece, vous aurez $\frac{x^4}{4a^2} = z$, c'est-à-dire, $\frac{1}{4}$ AB $\times$ BD $=$ à l'Aire AFBD.

VI. Si vous prenez $\frac{a^3}{xx} = \dot{z}$; ou $a^3x^{-2} = \dot{z}$, Equation à l'Hyperbole de la seconde espece, vous aurez $-a^3x^{-1} = z$, ou $-\frac{a^3}{x} = z$, c'est-à-dire, AB $\times$ BD $=$ à l'Aire HDBH d'une étenduë infinie, prise de l'autre côté de l'Ordonnée BD, comme le désigne la Valeur négative indiquée par le Signe $-$.

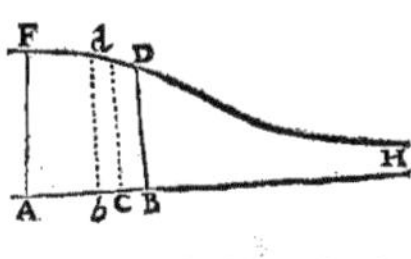

VII. De même $\frac{a^4}{x^3} = \dot{z}$, donne $-\frac{a^4}{2xx} = z$.

VIII. Soit $ax = \dot{z}\dot{z}$, ou $a^{\frac{1}{2}}x^{\frac{1}{2}} = \dot{z}$, Equation à la Parabole, vous aurez $\frac{2}{3}a^{\frac{1}{2}}x^{\frac{3}{2}} = z$, c'est-à-dire, $\frac{2}{3}$AB $\times$ BD $=$ à l'Aire AFDB.

IX. $\frac{a^3}{x} = \dot{z}\dot{z}$ donne $2a^{\frac{3}{2}}x^{\frac{1}{2}} = z$, ou 2AB $\times$ BD $=$ AFDB.

X. $\frac{a^5}{x^3} = \dot{z}\dot{z}$ donne $-\frac{2a^{\frac{5}{2}}}{x^{\frac{1}{2}}} = z$, ou 2AB $\times$ BD $=$ HDBH.

XI. $ax^2 = \dot{z}^3$ donne $\frac{3}{5}a^{\frac{1}{3}}x^{\frac{5}{3}} = z$, ou $\frac{3}{5}$ AB $\times$ BD $=$ AFDB, & ainsi des autres.

XII. EXEMPLE 2. Lorsque $\dot{z}$ est égale à une Somme de Quantités simples.

XIII. Comme $x + \frac{xx}{a} = \dot{z}$, vous aurez $\frac{xx}{2} + \frac{x^3}{3a} = z$.

XIV. Si $a + \frac{a^3}{xx} = \dot{z}$, $ax - \frac{a^3}{x}$ sera $= z$.

XV. $3x^{\frac{1}{2}} - \frac{5}{xx} - \frac{2}{x^{\frac{1}{2}}} = \dot{z}$ donne $2x^{\frac{3}{2}} + \frac{5}{x} - 4x^{\frac{1}{2}} = z$.

XVI. Exemple 3. Où il faut une Réduction par la Division.

XVII. Soit donnée $\frac{aa}{b+x} = \dot{z}$ Equation à l'Hyperbole d'*Apollonius*; faites la Division à l'infini & vous aurez $\dot{z} = \frac{aa}{b} - \frac{aax}{b^2} + \frac{aax^2}{b^3} - \frac{aax^3}{b^4}$, &c. Et de là par le Prob. 2. $z = \frac{a^2x}{b} - \frac{a^2x^2}{2b^2} + \frac{a^2x^3}{3b^3} - \frac{a^2x^4}{4b^4}$, &c.

XVIII. $\frac{1}{1+xx} = \dot{z}$ devient par la Division $\dot{z} = 1 - x^2 + x^4 - x^6$, &c. Ou bien $\dot{z} = \frac{1}{x^2} - \frac{1}{x^4} + \frac{1}{x^6}$, &c. Et par le Prob. 2. $z = x - \frac{1}{3}x^3 + \frac{1}{5}x^5 - \frac{1}{7}x^7$, &c. $=$ AFDB, ou $z = -\frac{1}{x} + \frac{1}{3x^3} - \frac{1}{5}x^5$, &c. $=$ HDBH.

XIX. Soit donnée $\frac{2x^{\frac{1}{2}} - x^{\frac{3}{2}}}{1 + x^{\frac{1}{2}} - 3x} = \dot{z}$, par la Division elle deviendra $\dot{z} = 2x^{\frac{1}{2}} - 2x + 7x^{\frac{3}{2}} - 13x^2 + 34x^{\frac{5}{2}}$, &c. Et par le Prob. 2. $z = \frac{4}{3}x^{\frac{3}{2}} - x^2 + \frac{14}{5}x^{\frac{5}{2}} - \frac{13}{3}x^3 + \frac{68}{7}x^{\frac{7}{2}}$, &c.

XX. Exemple 4. Où il faut une Réduction par l'Extraction des Racines.

XXI. Soit donnée $\dot{z} = \sqrt{aa + xx}$ Equation à l'Hyperbole, faites l'Extraction à l'infini vous aurez $\dot{z} = a + \frac{x^2}{2a} - \frac{x^4}{8a^3} + \frac{x^6}{16a^5} - \frac{5x^8}{112a^7}$, &c. D'où $z = ax + \frac{x^3}{6a} - \frac{x^5}{40a^3} + \frac{x^7}{112a^5} - \frac{5x^9}{1008a^7}$, &c.

XXII. De même l'Equation au Cercle $\dot{z} = \sqrt{aa - xx}$ produira $z = ax - \frac{x^3}{6a} - \frac{x^5}{40a^3} - \frac{x^7}{112a^5} - \frac{5x^9}{1008a^7}$, &c.

XXIII. L'Equation au Cercle $\dot{z} = \sqrt{x - xx}$, donne par l'Extraction $\dot{z} = x^{\frac{1}{2}} - \frac{1}{2}x^{\frac{3}{2}} - \frac{1}{8}x^{\frac{5}{2}} - \frac{1}{16}x^{\frac{7}{2}}$, &c. Et $z = \frac{2}{3}x^{\frac{3}{2}} - \frac{1}{5}x^{\frac{5}{2}} - \frac{1}{28}x^{\frac{7}{2}} - \frac{1}{72}x^{\frac{9}{2}}$, &c.

XXIV. De même l'Equation au Cercle $\dot{z} = \sqrt{aa + bx - xx}$, donne par l'Extraction $\dot{z} = a + \frac{bx}{2a} - \frac{xx}{2a} - \frac{b^2x^2}{8a^3}$, &c. Et $z = ax + \frac{bx^2}{4a} - \frac{x^3}{6a} - \frac{b^2x^3}{24a^3}$.

XXV. $\frac{\sqrt{1 + axx}}{1 - bxx}$ donne par la Réduction

$$\dot{z} = 1 \begin{array}{l} + \frac{1}{1}bx^2 \\ + \frac{1}{2}a \\ \end{array} \begin{array}{l} + \frac{1}{1}bbx^4, \text{ \&c.} \\ + \frac{1}{4}ab \\ - \frac{1}{8}aa \end{array}$$

Et par conséquent

$$z = x \begin{array}{l} + \frac{1}{3}bx^3 \\ + \frac{1}{6}a \\ \end{array} \begin{array}{l} + \frac{1}{5}b^2x^5, \text{ \&c.} \\ + \frac{1}{10}ab \\ - \frac{1}{40}aa \end{array}$$

XXVI. Et $\dot{z} = \sqrt[3]{a^3 + x^3}$ par l'Extraction de la Racine Cubique donne $\dot{z} = a + \frac{x^3}{3a^2} - \frac{x^6}{9a^5} + \frac{5x^9}{81a^8}$, &c. Et par le Prob. 2. $z = ax + \frac{x^4}{12a^2} - \frac{x^7}{63a^5} + \frac{x^{10}}{162a^8}$, &c. = AFDB ; ou bien $\dot{z} = x + \frac{a^3}{3xx} - \frac{a^6}{9x^5} + \frac{5a^9}{81x^8}$, &c. Et $z = \frac{x^2}{2} - \frac{a^3}{3x} + \frac{a^6}{36x^4} - \frac{5a^9}{567x^7}$, &c. = HDBH.

XXVII. Exemple 5. Où il faut une Réduction par la Résolution d'une Equation affectée.

XXVIII. Si la Courbe est representée par l'Equation $\dot{z}^3 + a^2\dot{z} + ax\dot{z} - 2a^3 - x^3 = 0$, tirez la Racine & vous aurez $\dot{z} = a - \frac{x}{4} + \frac{xx}{64a} + \frac{131x^4}{512aa}$, &c. Et $z = ax - \frac{xx}{8} + \frac{x^3}{192a} + \frac{131x^4}{2048a^2}$, &c.

XXIX. Mais si l'Equation est $\dot{z}^3 - c\dot{z}^2 - 2x^2\dot{z} - c^2\dot{z} + 2x^3 + c^3 = 0$, la Résolution donneroit trois Racines ; sçavoir, $\dot{z} = c + x - \frac{xx}{4c} + \frac{x^3}{32c^2}$, &c. ou $\dot{z} = c - x + \frac{3x^2}{4c} - \frac{15x^3}{32cc}$, &c. ou $\dot{z} = -c - \frac{x^2}{2c} - \frac{x^3}{2cc} + \frac{x^5}{4c^4}$, &c. qui fourniront les Valeurs des trois Aires correspondantes $z = cx + \frac{1}{2}x^2 - \frac{x^3}{12c} + \frac{x^4}{128c^2}$, &c. $z = cx - \frac{1}{2}x^2 + \frac{x^3}{4c} - \frac{15x^4}{128c^2}$, &c. Et $z = -cx - \frac{x^3}{6c} - \frac{x^4}{8c^2} + \frac{x^6}{24c^4}$, &c.

XXX. Je n'ajoute rien ici à l'égard des Courbes Mécaniques, parce que je donnerai ci-après leur Réduction à la forme des Courbes Géometriques.

XXXI.

XXXI. Mais comme les Valeurs ainsi trouvées de z appartiennent à des Aires situées tantôt sur une partie finie AB de l'Abcisse; tantôt sur une partie BH prolongée à l'infini, & quelques fois sur les deux selon les differents termes ; il faut pour avoir la vraie Valeur de l'Aire adjacente à une portion quelconque de l'Abcisse, faire cette Aire égale à la difference des Valeurs de z, qui appartiennent aux parties de l'Abcisse terminée par le commencement & à la fin de l'Aire.

XXXII. Par Exemple, dans la Courbe representée par l'Equation $\frac{1}{1+xx} = \dot{z}$, on trouve $z = x - \frac{1}{3}x^3 + \frac{1}{5}x^5$, &c. Si l'on veut déterminer l'Aire *bd*DB, adjacente à la partie *b*B de l'Abcisse; il faut de la Valeur de z, AB étant x, ôter la Valeur de z, A*b* étant x, & l'on aura $x - \frac{1}{3}x^3 + \frac{1}{5}x^5$, &c. $- x + \frac{1}{3}x^3 - \frac{1}{5}x^5 =$ à l'Aire *bd*DB ; si l'on fait A*b* ou $x = 0$, on aura l'aire entiere AFDB $= x - \frac{1}{3}x^3 + \frac{1}{5}x^5$, &c.

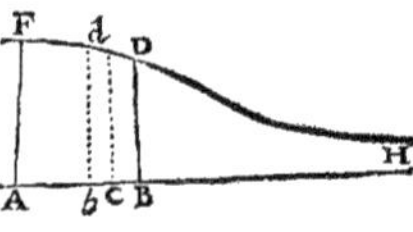

XXXIII. On trouve aussi pour la même Courbe $z = -\frac{1}{x} + \frac{1}{3x^3} - \frac{1}{5x^5}$, &c. Et par conséquent l'Aire *bd*DB $= \frac{1}{x} - \frac{1}{3x^3} + \frac{1}{5x^5}$, &c. $- \frac{1}{x} + \frac{1}{3x^3} - \frac{1}{5x^5}$, &c. Si donc AB ou x est supposée infinie, l'Aire adjacente *bd*H qui est aussi infiniment étenduë sera $= \frac{1}{x} - \frac{1}{3x^3} + \frac{1}{5x^5}$, &c. car la seconde suite $- \frac{1}{x} + \frac{1}{3x^3} - \frac{1}{5x^5}$, &c. s'évanoüira, parce que ses Dénominateurs sont infinis.

XXXIV. Pour la Courbe representée par l'Equation $a + \frac{a^3}{xx} = \dot{z}$, on trouve que $z = ax - \frac{a^3}{x}$, ainsi $ax - \frac{a^3}{x} - ax + \frac{a^3}{x} =$ à l'Aire *bd*DB, cette Aire devient infinie soit en supposant $x = 0$, ou en le supposant infini, chacune des Aires AFDB & *bd*H est donc infiniment grande, & l'on ne peut donner que les parties intermédiaires telles que *bd*DB ; cela arrive toujours lorsque l'Abcisse x se trouve au Numerateur de quelqu'uns des Termes & au Dénominateur de quelqu'autres dans la Valeur de z ; mais quand x ne se trouve qu'au Numérateur comme dans le premier Exemple, la Valeur de z appartient à l'Aire située sur AB du côté de A, à main gauche de l'Ordonnée. Mais lorsque x se trouve aux Dénominateurs seulement comme dans le deuxiéme Exemple, la Valeur de z, les Signes de tous les Termes étant changés, appartient à l'Aire entiere infiniment prolongée au-delà de l'Ordonnée.

XXXV. S'il arrive que la Courbe coupe l'Abcisse entre les Points B & b comme en E, vous aurez au lieu de l'Aire la différence bdE — BDE des Aires des parties de l'Abcisse, à laquelle différence vous ajouterez le Rectangle BDGb, & vous aurez l'Aire dEDG.

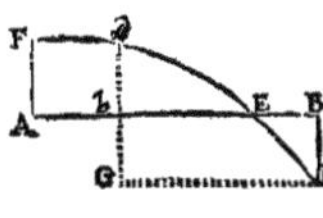

XXXVI. Lorsque dans la Valeur de $\dot{z}$ il se trouve un Terme divisé par x, l'Aire correspondante à ce Terme appartient à l'Hyperbole Conique, & par conséquent doit être donnée par cette Hyperbole elle-même en suite infinie comme il suit.

XXXVII. Soit $\frac{a^3 - a^2x}{ax + xx} = \dot{z}$ l'Equation à la Courbe ; par la Division elle devient $\dot{z} = \frac{aa}{x} - 2a + 2x - \frac{2x^2}{a} + \frac{2x^3}{aa}$, &c. D'où $z = \boxed{\frac{aa}{x}} - 2ax + x^2 - \frac{2x^3}{3a} + \frac{x^4}{2a^2}$, &c. Et l'Aire bdDB $= \boxed{\frac{aa}{x}} - 2ax + x^2 - \frac{2x^3}{3a}$, &c. $- \boxed{\frac{aa}{x}} + 2ax - xx + \frac{2x^3}{3a}$, &c. Les Figures $\boxed{\frac{aa}{x}}$ & $\boxed{\frac{aa}{x}}$ représentent les petites Aires appartenant aux Termes $\frac{aa}{x}$ & $\frac{aa}{x}$.

XXXVIII. Pour trouver donc $\boxed{\frac{aa}{x}}$ & $\boxed{\frac{aa}{x}}$ je fais Ab ou x définie, & bD indéfinie, c'est-à-dire, j'en fais une Ligne Fluente que j'appelle y ; ainsi $\boxed{\frac{aa}{x+y}}$ sera $=$ à l'Aire Hyperbolique adjacente à bB $= \boxed{\frac{aa}{x}} - \boxed{\frac{aa}{x}}$; mais par la Division $\frac{aa}{x+y}$ sera $= \frac{aa}{x} - \frac{a^2y}{x^2} +$

$\frac{a^2y^2}{x^3} - \frac{a^2y^3}{x^4}$, &c. par conséquent $\boxed{\frac{aa}{x+y}}$ ou $\boxed{\frac{aa}{x}} - \boxed{\frac{aa}{x}} = \frac{a^2y}{x} - \frac{a^2y^2}{2x^2} + \frac{a^2y^3}{3x^3} - \frac{a^2y^4}{4x^4}$, &c. Donc l'Aire entiere cherchée *bd*DB sera $= \frac{a^2y}{x} - \frac{a^2y^2}{2x^2} + \frac{a^2y^3}{3x^3}$, &c. $- 2ax + x^2 - \frac{2x^3}{3a}$, &c. $+ 2ax - xx + \frac{2x^3}{3a}$, &c.

XXXIX. On auroit pû de même rendre AB ou x définie, & alors on auroit eu $\boxed{\frac{aa}{x}} - \boxed{\frac{aa}{x}} = \frac{a^2y^2}{x} + \frac{a^2y^2}{2x^2} + \frac{a^2y^3}{3x^3} + \frac{a^2y^4}{4x^4}$, &c.

XL. De plus (*Fig. penult.*) si l'on partage en deux la Ligne *b*B au Point C, & si l'on fait AC d'une longueur définie & C*b*, CB indéfinies, nommant AC, *e*, & C*b*, CB, *y*, on aura $bd = \frac{aa}{e-y} = \frac{aa}{e} + \frac{a^2y}{e^2} + \frac{a^2y^2}{e^3} + \frac{a^2y^3}{e^4} + \frac{a^2y^4}{e^5}$, &c. Ainsi l'Aire Hyperbolique adjacente à la partie *b*C de l'Abcisse sera $\frac{a^2y}{e} + \frac{a^2y^2}{2e^2} + \frac{a^2y^3}{3e^3} + \frac{a^2y^4}{4e^4}$, &c. L'on aura aussi $DB = \frac{aa}{e+y} = \frac{aa}{e} - \frac{aay}{e^2} + \frac{aay^2}{e^3} - \frac{aay^3}{e^4} + \frac{aay^4}{e^5}$, &c. Et par conséquent l'Aire adjacente à l'autre partie CB de l'Abcisse sera $\frac{a^2y}{e} - \frac{a^2y^2}{2e^2} + \frac{a^2y^3}{3e^3} - \frac{a^2y^4}{4e^4} + \frac{a^2y^5}{5e^5}$, &c. Et la Somme de ces Aires sera $\frac{2a^2y}{e} + \frac{2a^2y^3}{3e^3} + \frac{2a^2y^5}{5e^5}$, &c. $= \boxed{\frac{aa}{x}} - \boxed{\frac{aa}{x}}$

XLI. Si l'Equation à la Courbe est $\dot{z}^3 + \dot{z}^2 + \dot{z} - x^3 = 0$, sa Racine sera $\dot{z} = x - \frac{1}{3} - \frac{2}{9x} + \frac{7}{81xx} + \frac{5}{81x^3}$, &c. D'où $z = \frac{1}{2}xx - \frac{1}{3}x - \boxed{\frac{2}{9x}} - \frac{7}{81x} - \frac{5}{162xx}$, &c. Et l'Aire *bd*DB $= \frac{1}{2}x^2 - \frac{1}{3}x - \boxed{\frac{2}{9x}} - \frac{7}{81x}$, &c. $- \frac{1}{2}xx + \frac{1}{3}x + \boxed{\frac{2}{9x}} + \frac{7}{81x}$, &c. c'est-à-dire, $= \frac{1}{2}x^2 - \frac{1}{3}x - \frac{7}{81x}$, &c. $- \frac{1}{2}x^2 + \frac{1}{3}x + \frac{7}{81x}$, &c. $- \frac{4y}{9e} - \frac{4y^3}{27e^3} - \frac{4y^5}{45e^5}$, &c.

XLII. Mais d'ordinaire il eſt aiſé d'éviter ce Terme Hyperbolique en changeant le commencement de l'Abciſſe, c'eſt-à-dire, en l'augmentant ou le diminuant d'une Quantité donnée, comme dans le dernier Exemple où $\frac{a^3 - a^2x}{ax + xx} = \dot{z}$ eſt l'Equation à la Courbe, en faiſant b l'origine de l'Abciſſe, & ſuppoſant Ab d'une longueur déterminée $\frac{1}{2}a$, j'écrirai x pour le reſte bB de l'Abciſſe; ſi donc je diminue l'Abciſſe de $\frac{1}{2}a$ en écrivant $x + \frac{1}{2}a$ au lieu de x j'aurai $\frac{\frac{1}{2}a^3 - a^2x}{\frac{3}{4}a^2 + 2ax + xx} = \dot{z}$, & par la Diviſion $\dot{z} = \frac{2}{3}a - \frac{28}{9}x + \frac{200x^2}{27a}$, &c. D'où $z = \frac{2}{3}ax - \frac{14}{9}x^2 + \frac{200x^3}{81a}$, &c. $=$ à l'Aire bdDB.

XLIII. Et de même en prenant ſucceſſivement differents Points pour le commencement de l'Abciſſe, on pourra exprimer d'une infinité de façons l'Aire d'une Courbe quelconque.

XLIV. l'Equation $\frac{a^3 - a^2x}{ax + xx} = \dot{z}$ auroit pû ſe réſoudre auſſi en deux ſuites infinies $\dot{z} = \frac{a^3}{x^2} - \frac{a^4}{x^3} + \frac{a^5}{x^4}$, &c. $- a + x - \frac{xx}{a} + \frac{x^3}{a^2}$, &c. où il ne ſe trouve aucun Terme diviſé par la premiere Puiſſance de x; mais ces Eſpeces de ſuites où les Puiſſances de x s'élevent à l'infini dans les Numerateurs de l'une & dans les Dénominateurs de l'autre, ne permettent pas auſſi aiſément d'en tirer la Valeur de z dans le Calcul Arithmétique, lorſque ces Eſpeces ſont changées en Nombres.

XLV. A peine trouvera-t'on la moindre difficulté dans le Calcul en Nombres quand on aura en Eſpeces la Valeur de l'Aire; cependant je vais encore ajouter un Exemple ou deux pour achever d'éclaircir cette matiere.

XLVI. Soit propoſée l'Hyperbole AD dont l'Equation eſt $\sqrt{x + xx} = \dot{z}$, le Sommet étant en A & les deux Axes égaux chacun à l'unité; par ce qui a été dit ci-devant l'Aire ADB eſt $= \frac{2}{3}x^{\frac{3}{2}} + \frac{1}{5}x^{\frac{5}{2}} - \frac{1}{28}x^{\frac{7}{2}} + \frac{1}{72}x^{\frac{9}{2}} - \frac{5}{704}x^{\frac{11}{2}}$, &c. c'eſt-à-dire, $x^{\frac{1}{2}} \times (\frac{2}{3}x + \frac{1}{5}x^2 - \frac{1}{28}x^3 + \frac{1}{72}x^4 - \frac{5}{704}x^5$, &c. Suite que l'on peut continuer à l'infini en multipliant continuellement le dernier Terme par les Termes ſucceſſifs de cette Progreſſion $\frac{1.3}{2.5}x$, $\frac{-1.5}{4.7}x$, $\frac{-3.7}{6.9}x$, $\frac{-5.9}{8.11}x$, $\frac{-7.11}{10.13}x$,

&c. c'eſt-à-dire que le premier Terme $\frac{2}{3}x^{\frac{3}{2}}$ multiplié par $\frac{1 \cdot 3}{2 \cdot 5}x$, formera le ſecond Terme $\frac{1}{5}x^{\frac{5}{2}}$; lequel ſecond Terme multiplié par $-\frac{1 \cdot 5}{4 \cdot 7}x$ formera le troiſiéme Terme $-\frac{1}{28}x^{\frac{7}{2}}$, qui multiplié par $-\frac{3 \cdot 7}{6 \cdot 9}x$ donnera le quatriéme Terme $\frac{1}{72}x^{\frac{9}{2}}$ & ainſi à l'infini ; prenons maintenant AB de telle longueur que nous voudrons, par Exemple $\frac{1}{4}$; écrivons ce Nombre pour x, ſa Racine $\frac{1}{2}$ pour $x^{\frac{1}{2}}$; le premier Terme $\frac{2}{3}x^{\frac{3}{2}}$ ou $\frac{2}{3} \cdot \frac{1}{8}$ réduit en Fractions decimales devient 0. 083333333, &c. ce qui multiplié par $\frac{1 \cdot 3}{2 \cdot 5 \cdot 4}$ produit le ſecond Terme 0.00625 qui multiplié par $-\frac{1 \cdot 5}{4 \cdot 7 \cdot 4}$ donne — 0.0001790178, &c. pour le troiſiéme Terme & ainſi de ſuite à l'infini ; à meſure que je tire ainſi la Valeur de ces Termes je les diſpoſe en deux Tables, l'une des affirmatifs & l'autre des négatifs, comme vous voyez ici.

+ 0.0833333333333333	— 0.0002790178571429
62500000000000	3467906605 1
271267361111	834465027
5135169396	26285354
144628917	961196
4954581	38676
190948	1663
7964	75
352	4
16	— 0.0002825719389575
1	+ 0.0896109885646518
+ 0.0896109885646518	0.0893284166257043

Et ôtant la ſomme des negatifs de celle des affirmatifs, je trouve 0.0893284166257043 pour l'Aire Hyperbolique ADB, que je cherchois.

XLVII. Soit maintenant propoſé le Cercle AdF repreſenté par l'Equation $\sqrt{x - xx} = z$, le Diametre étant ſuppoſé égal à l'unité ; par ce qui a été dit ci-devant l'Aire AdB ſera $\frac{2}{3}x^{\frac{3}{2}} - \frac{1}{5}x^{\frac{5}{2}} - \frac{1}{28}x^{\frac{7}{2}} - \frac{1}{72}x^{\frac{9}{2}}$, &c. comme cette ſuite ne differe de celle qui exprime l'Aire Hyperbolique que par les Signes + & — ;

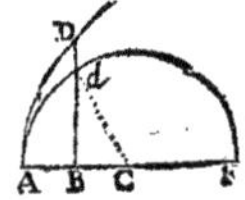

il n'y a donc qu'à joindre ensemble les mêmes Termes numériques avec d'autres Signes, c'est-à-dire, ôter le Total des deux Sommes des deux Tables 0.0898935605036193 du premier Terme doublé 0.1656666666666, &c. le reste 0.0767731061630473 sera la portion A*d*B de l'Aire circulaire, AB étant le quart du Diametre, nous pouvons observer ici que quoique les Aires du Cercle & de l'Hyperbole ne soient pas comparables Géometriquement, elles se trouvent cependant par le même calcul Arithmetique.

XLVIII. L'Aire de la portion A*d*B étant trouvée, l'on peut en tirer l'Aire totale; car en tirant le Raïon *d*C & multipliant *b*D ou $\frac{1}{4}\sqrt{3}$ par *b*C ou $\frac{1}{4}$, la moitié $\frac{1}{32}\sqrt{3}$ du produit ou 0.0541265877365275 sera la Valeur du Triangle C*d*B, laquelle étant ajoutée à l'Aire A*d*B donne l'Aire du Secteur AC*d* = 0.1308996938995747, dont le Sextuple 0.7853981633974482 est la Valeur de l'Aire totale.

XLIX. On peut observer en passant que la longueur de la Circonférence qui est égale à l'Aire divisée par le quart du Diametre est égale à 3.1415926535897928.

L. Voici encore le Calcul de l'Aire comprise entre l'Hyperbole *d*FD & son Asymptote CA. Soit C le Centre de l'Hyperbole, CA $= a$, AF $= b$, & AB $=$ Ab $= x$; BD sera $= \frac{ab}{a+x}$, & $bd = \frac{ab}{a-x}$; par conséquent l'Aire AFDB sera $= bx - \frac{bxx}{2a} + \frac{bx^3}{3a^2} - \frac{bx^4}{4a^3}$, &c. l'Aire AF$db$ $= bx + \frac{bxx}{2a} + \frac{bx^3}{3a^2} + \frac{bx^4}{4a^3}$ & la somme bdDB$= 2bx + \frac{2bx^3}{3a^2} + \frac{2bx^5}{5a^4} + \frac{2bx^7}{7a^6}$, &c. Supposons à présent que CA = AF = 1, & A*b* ou AB $= \frac{1}{10}$, C*b* sera 0.9 & C*b* 1.1, substituez ces Nombres au lieu de a, b & x; le premier Terme de la suite sera 0, 2, le second 0.0006666666, &c. le troisiéme 0.000004, & ainsi de suite comme vous le voyez dans cette Table; dont la Somme 0.2006706954621511 est égale à l'Aire *bd*DB.

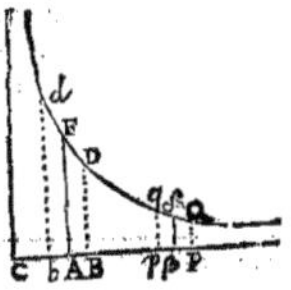

0.2000000000000000
6666666666666
40000000000
285714286
2222222
18182
154
1

LI. Si l'on demandoit séparément les Parties A*d* & AD de cette Aire, ôtez la plus petite BA de la plus grande *d*A, &

vous aurez $\frac{bx^2}{a} + \frac{bx^4}{2a^3} + \frac{bx^6}{3a^5} + \frac{bx^8}{4a^7}$, &c. si vous écrivez donc 1 pour a & pour b, & $\frac{1}{10}$ pour x, & que vous réduisiez les Termes en decimales, vous aurez donc la somme 0.0100503358535014 égale Ad — AD.

0.0100000000000000
500000000000
3333333333
25000000
200000
1667
14

LII. Cette difference des Aires étant ajoutée à leur somme ci-devant trouvée, ou étant soustraite de cette même somme, la moitié 0.1053605156578263 de *l'agregé* ou du Total, sera la plus grande Aire Ad, & la moitié 0.0953101798043248 du reste sera la plus petite Aire AD.

LIII. On aura par les mêmes Tables ces Aires Ad & AD, lorsque Ab & AB seront égales à $\frac{1}{100}$, ou CB = 1, 01, & Cb = 0.99, en transportant seulement les Nombres à des places plus basses, comme vous pouvez le voir ici.

0.0100000000000000
66666666666
4000080
28
Somme 0.0200006667066695 = bD

0.0001000000000000
50000000
3333
Somme 0.0001000050003333 = Ad — AD

la moitié du Total est 0.0100503358535014 = Ad, & la moitié du reste est 0.0099503308531681 = AD.

LIV. Et de même en faisant Ab & AB = $\frac{1}{1000}$, & CB = 1.001, Cb = 0.999, on aura Ad = 0.0010005003335835, & AD = 0.0009995003330835.

LV. De même si CA & AF = 1, Ab & AB = 0.2, ou 0.02; ou 0.002, ces Aires seront,

Ad = 0.2231435513142097, & AD = 0.1823215567939546.
ou Ad = 0.0202027073175194, & AD = 0.0198026272961797.
ou Ad = 0.002002 & AD = 0.001

LVI. De ces Aires trouvées il sera aisé d'en tirer d'autres par la seule Addition & la Soustraction, car comme $\frac{1.2}{0.8} \times \frac{1.2}{0.9} = 2$, la somme 0.6931471805599453 des Aires qui appartiennent aux Raports $\frac{1.2}{0.8}$ & $\frac{1.2}{0.9}$, c'est-à-dire, qui insistent sur les parties de l'Abcisse 1.2 — 0.8, & 1.2 — 0.9 sera égale à l'Aire AF$\delta\beta$, Cβ étant comme l'on sçait = 2, de même comme $\frac{1.2}{0.8} \times 2 = 3$, la somme

1.0986122886681097 des Aires appartenant à $\frac{1.2}{0.8}$ & à 2 sera = à l'Aire AFδβ, Cζ étant 3. De même comme $\frac{2 \times 2}{0.8} = 5$, & $2 \times 5 = 10$, en ajoutant les Aires on aura 1.6093379124341004 = AFδβ, lorsque Cζ = 5, & 2.302585092994045 7 = AFδζ, lorsque Cβ = 10. Et encore puisque $10 \times 10 = 100$, & $10 \times 100 = 1000$, & $\sqrt{5 \times 10 \times 0.98} = 7$, & $10 \times 1.1 = 11$, & $\frac{1000 \times 1.001}{7 \times 11} = 13$, & $\frac{100 \times 0.998}{2} = 499$; il est évident que l'Aire AFδζ peut se trouver par le moyen des Aires trouvées ci-devant, lorsque Cζ = 100, 1000, 7 ou tout autre nombre mentionné ci-dessus, bien entendu que AB = BF est toujours égale à l'unité. Tout ceci n'est que pour insinuer qu'on peut de là tirer une Méthode fort commode pour construire une Table de Logarithmes, qui détermineroit les Aires Hyperboliques correspondantes aux Nombres, & cela par deux Opérations seulement qui ne seroient pas même fort difficiles ; & des Aires Hyperboliques on tireroit aisément les Logarithmes. Comme cette façon me paroît la plus commode, je vais en donner la construction, afin qu'il ne reste rien à desirer sur cela.

LVII. Je prends à l'ordinaire o pour le Logarithme de 1, & 1 pour le Logarithme de 10, pour trouver les Logarithmes des Nombres 2, 3, 5, 7, 11, 13, 17, 37, je divise les Aires Hyperboliques trouvées par 2.302585092994045 7 qui est l'Aire correspondante au Nombre 10, ou ce qui est la même chose, je multiplie par la Quantité réciproque 0.4342944819032518, ainsi par Exemple, 0.69314718, &c. Aire correspondante au Nombre 2, multipliée par 0.43429, &c. donne 0.3010299956639812 pour le Logarithme du Nombre 2.

LVIII. On peut donc comme à l'ordinaire par l'Addition de leur Logarithmes trouver les Logarithmes de tous les Nombres produits par la multiplication de ceux-ci, & l'on remplira ensuite les places vuides au moyen de ce Theoreme.

LIX. Soit n un nombre auquel on cherche un Logarihme, x la différence de ce Nombre aux deux Nombres qui en sont les plus près & également éloignez, & dont les Logarithmes sont déja trouvez, & d soit la moitié de la différence des Logarithmes ; on aura le Logarithme cherché du Nombre n en ajoutant $d + \frac{dx}{2n} + \frac{dx^3}{12n^3}$, &c.

au

au Logarithme du plus petit Nombre ; car en ſuppoſant les Nombres repreſentés par Cp, CG & CP, le Rectangle CBD ou CGδ $= 1$, & les Ordonnées pq & PQ étant élevées ; ſi pour CG on écrit n, & x par Gp ou GP, l'Aire pqQP ou $\frac{2x}{n} + \frac{2x^3}{3n^3} + \frac{2x^5}{5n^5}$, &c. ſera à l'Aire pqδG ou $\frac{x}{n} + \frac{x^2}{2n^2} + \frac{x^3}{3n^3}$, &c. comme la différence $2d$ des Logarithmes des Nombres extrêmes eſt à la différence des Logarithmes du moindre & du moyen Nombre, laquelle ſera par conſéquent $\frac{\frac{dx}{n} + \frac{dx^2}{2n^2} + \frac{dx^3}{3n^3}, \&c.}{\frac{x}{n} + \frac{x^3}{3n^3} + \frac{x^5}{5n^5}, \&c.}$, ou après la Diviſion $d + \frac{dx}{2n} + \frac{dx^3}{12n^3}$, &c.

LX. Je penſe que les deux premiers Termes $d + \frac{dx}{2n}$ de cette ſuite ſont aſſez exacts pour conſtruire une Table de Logarithmes, quand même on les voudroit de 14 ou 15 Figures, pourvû que le nombre dont on cherche le Logarithme ſurpaſſe 1000 ; le calcul même doit en être aiſé, parce que d'ordinaire x eſt égale à 1 ou 2. Mais il n'eſt pas toujours néceſſaire de recourir à cette Régle pour remplir toutes les places vuides ; car on a les Logarithmes des nombres produits par la Multiplication ou la Diviſion du dernier nombre trouvé par l'Addition ou la Souſtraction des Logarithmes déja trouvés de ces nombres. On peut encore & plus promptement remplir ces places vuides par les différences premieres, ſecondes & troiſiémes s'il eſt néceſſaire, des Logarithmes ; il ne faudra ſe ſervir de la Régle précédente que lorſqu'il ſera queſtion de continuer quelques places pleines afin d'avoir ces différences.

LXI. La même Méthode peut nous donner des Régles pour les cas où de trois nombres les Logarithmes du plus petit & du moyen ou du plus grand & du moyen ſont donnés, & où l'on cherche le Logarithme du troiſiéme, & cela quoique les nombres ne ſoient pas en Progreſſion Arithmétique.

LXII. En ſuivant cette même Méthode, un peu plus loin, elle pourra nous donner des Régles pour une conſtruction de Tables artificielles de Sinus & de Tangentes, ſans ſe ſervir des Tables naturelles ; nous en parlerons tout à l'heure.

LXIII. Juſqu'ici j'ai traité de la Quadrature des Courbes qui ſont exprimées par des Equations compoſées de Termes compliqués que j'ai réduit à des Equations compoſées d'une infinité de Termes ſimples ; mais comme ces mêmes Courbes peuvent ſouvent être quarrées par des Equations finies, ou comme elles peuvent ſouvent être comparées avec d'autres Courbes dont les Aires peuvent être regardées comme connues telles que ſont les Sections Coniques ; j'ai penſé qu'il falloit mettre ici les deux Tables ſuivantes que j'ai promiſes & que j'ai conſtruites par le moyen des propoſitions 7 & 8 qui précédent.

LXIV. La premiere repréſente les Aires des Courbes quarrables ; la ſeconde contient les Courbes dont les Aires ſont comparables avec celles des Sections Coniques ; dans toutes deux les Lettres d, e, f, g & h ſont des Quantités données quelconques, x & z ſont les Abciſſes des Courbes, u & y ſont les Ordonnées paralleles, s & t les Aires comme ci-devant ; les Lettres n & θ annexées à la Quantité z, marquent le nombre des Dimenſions de cette même z, ſoit entier, rompu, négatif ou affirmatif; par Exemple, ſi $n = 3$, z^n ſera $= z^3$, z^{2n} ſera $= z^6$, $z^{-n} = z^{-3}$ ou $\frac{1}{z^3}$, $z^{n+1} = z^4$, & $z^{n-1} = z^2$.

LXV. De plus j'ai dans les Valeurs des Aires écrit pour abréger R au lieu du Radical $\sqrt{e + fz^n}$, ou $\sqrt{e + fz^n + gz^{2n}}$, & p au lieu de $\sqrt{h + iz^n}$, qui affecte la Valeur de l'Ordonnée y.

Ordres des Courbes.		Valeurs de leurs Aires.
I.	$dz^{n-1} = y$	$\frac{d}{n}z^n = t.$
II.	$\frac{dz^{n-1}}{ee + 2efz^n + ffz^{2n}} = y$	$\frac{dz^n}{ne^2 + nefz^n} = t$, ou $\frac{-d}{nef + nffz^n} = t.$
III. 1	$dz^{n-1}\sqrt{e + fz^n} = y$	$\frac{2d}{3nf}R^3 = t.$
2	$dz^{2n-1}\sqrt{e + fz^n} = y$	$\frac{-4e + 6fz^n}{15nff}dR^3 = t.$
3	$dz^{3n-1}\sqrt{e + fz^n} = y$	$\frac{16ee - 24efz^n + 30ffz^{2n}}{105nf^3}dR^3 = t.$
4	$dz^{4n-1}\sqrt{e + fz^n} = y$	$\frac{-96e^3 + 144e^2fz^n - 180ef^2z^{2n} + 210f^3z^{3n}}{945nf^4}dR^3 = t.$
IV. 1	$\frac{dz^{n-1}}{\sqrt{e + fz^n}} = y$	$\frac{2d}{nf}R = t.$
2	$\frac{dz^{2n-1}}{\sqrt{e + fz^n}} = y$	$\frac{-4e + 2fz^n}{3nff}dR = t.$
3	$\frac{dz^{3n-1}}{\sqrt{e + fz^n}} = y$	$\frac{16e^2 - 8efz^n + 6ffz^{2n}}{15nf^3}dR = t.$
4	$\frac{dz^{4n-1}}{\sqrt{e + fz^n}} = y$	$\frac{-96e^3 + 48e^2fz^n - 36ef^2z^{2n} + 30f^3z^{3n}}{105nf^4}dR = t.$

		Ordres des Courbes.	Valeurs des Aires.
V.	1	$2\theta e z^{\theta-1} + {2\theta f \atop +3nf} z^{\theta+n-1}$ par $\frac{1}{2}\sqrt{e+fz^n} = y$.	$z^\theta R^3 = t$.
	2	$2\theta e z^{\theta-1} + {2\theta f \atop +3nf} z^{\theta+n-1} + {2\theta g \atop +6ng} z^{\theta+2n-1}$ par $\frac{1}{2}\sqrt{e+fz^n+gz^{2n}} = y$.	$z^\theta R^3 = t$.
VI.	1	$\frac{2\theta e z^{\theta-1} + \overline{2\theta+n}\times f z^{\theta+n-1}}{2\sqrt{e+fz^n}} = y$.	$z^\theta R = t$.
	2	$\frac{2\theta e z^{\theta-1} + \overline{2\theta+n}\times f z^{\theta+n-1} + \overline{2\theta+2n}\times g z^{\theta+2n-1}}{2\sqrt{e+fz^n+gz^{2n}}} = y$.	$z^\theta R = t$.
VII.	1	$\frac{2\theta e z^{\theta-1} + \overline{2\theta-n}\times f z^{\theta+n-1}}{e+fz^n \text{ par } 2\sqrt{e+fz^n}} = y$.	$\frac{z^\theta}{R} = t$.
	2	$\frac{2\theta e z^{\theta-1} + \overline{2\theta-n}\times f z^{\theta+n-1} + \overline{2\theta-2n}\times g z^{\theta+2n-1}}{e+fz^n+gz^{2n} \text{ par } 2\sqrt{e+fz^n+gz^{2n}}} = y$.	$\frac{z^\theta}{R} = t$.
VIII.	1	$\frac{2\theta e z^{\theta-1} + \overline{2\theta-2n}\times f z^{\theta+n-1}}{ee+2efz^n+ffz^{2n}} = 2y$	$\frac{z^\theta}{R^2}$ (ou $\frac{z^\theta}{e+fz^n}$) $= t$.
	2	$\frac{2\theta e z^{\theta-1} + \overline{2\theta-2n}\times f z^{\theta+n-1} + \overline{2\theta-4n}\times g z^{\theta+2n-1}}{e^2+2efz^n+\overline{ff+2eg}\times z^{2n}+2fgz^{3n}+ggz^{4n}}\ 2 = y$	$\frac{z^\theta}{R^2}$ (ou $\frac{z^\theta}{e+fz^n+gz^{2n}}$) $= t$.
IX.		$2\theta ehz^{\theta-1} + {\overline{2\theta+3n}\times fh \atop +\overline{2\theta+n}\times ei} z^{\theta+n-1} + \overline{2\theta+4n}\times fiz^{\theta+2n-1}$ par $\frac{\sqrt{e+fz^n}}{2\sqrt{h+iz^n}} = y$.	$z^\theta R^3 p = t$.
X.		$2\theta ehz^{\theta-1} + {\overline{2\theta+3n}\times fh \atop +\overline{2\theta-n}\times ei} z^{\theta+n-1} + \overline{2\theta+2n}\times fiz^{\theta+2n-1}$ par $\frac{\sqrt{e+fz^n}}{h+iz^n \text{ par } 2\sqrt{h+iz^n}} = y$.	$\frac{z^\theta R^3}{p} = t$.

LXVII. J'aurois pû ajouter ici d'autres choses de la même espece ; mais je vais passer à des Courbes d'une autre sorte que l'on peut comparer avec les Sections Coniques. Dans cette Table la Courbe proposée est representée par la Ligne QEχR, l'origine de son Abcisse est en A, cette Abcisse est AC, l'Ordonnée est CE, le commencement de l'Aire est $\alpha\chi$, & l'Aire décrite est $\alpha\chi$EC ; on trouvera le Terme initial ou le commencement de cette Aire, qui d'ordinaire commence à l'origine de l'Abcisse A ou s'en éloigne à l'infini, en cherchant la longueur de l'Abcisse Aα, la Valeur de l'Aire étant supposée $=$ o, & en élevant la perpendiculaire $\alpha\chi$.

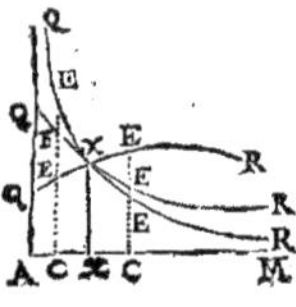

LXVIII. De même la Ligne PDG représente la Section Conique, le Centre est A, le Sommet a, les demi-Diametres perpendiculaires sont Aa & AP, l'origine de l'Abcisse est A, ou a, ou α, l'Abcisse est AB, ou aB, ou αB, l'Ordonnée BD, la Tangente est DT & rencontre AB en T, la Soutendente est aD, le Rectangle inscrit ou *adscrit* est ABDO.

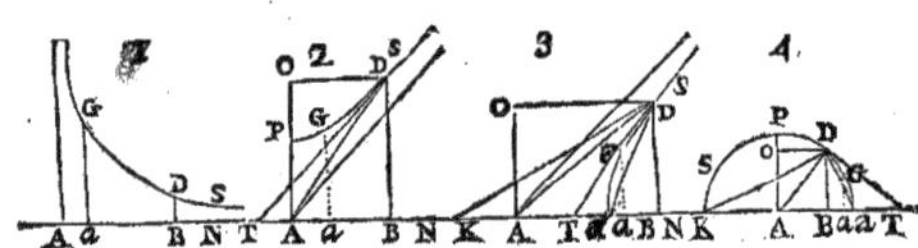

LXIX. Prenant donc les mêmes Lettres que ci-devant l'on aura AC $= z$, CE $= y$, $\alpha\chi$EC $= t$, AB ou aB $= x$, BD $= u$ & ABDP ou aGDB $= s$; & de plus lorsqu'il faudra deux Sections Coniques pour déterminer une Aire, l'Aire de cette seconde Section Conique sera representée par σ, l'Abcisse par ξ, & l'Ordonnée par γ. P est au lieu de $\sqrt{ff - 4eg}$.

Formes des Courbes.	Sections Coniques. Abcisses.	Ordonnées.	Valeurs des Aires.
I. 1 $\frac{dz^{\eta-1}}{e+fz^{\eta}}=y$	$z^{\eta}=x$	$\frac{d}{e+fx}=u$	$\frac{1}{\eta}s=t=\frac{aGDB}{\eta}$ Fig. 1.
I. 2 $\frac{dz^{2\eta-1}}{e+fz^{\eta}}=y$	$z^{\eta}=x$	$\frac{d}{e+fx}=u$	$\frac{d}{\eta f}z^{\eta}-\frac{e}{\eta f}s=t.$
I. 3 $\frac{dz^{3\eta-1}}{e+fz^{\eta}}=y$	$z^{\eta}=x$	$\frac{d}{e+fx}=u$	$\frac{d}{2\eta f}z^{2\eta}-\frac{de}{\eta f^2}z^{\eta}+\frac{e^2}{\eta f^2}s=t.$
II. 1 $\frac{dz^{\frac{1}{2}\eta-1}}{e+fz^{\eta}}=y$	$\sqrt{\frac{d}{e+fz^{\eta}}}=x$	$\sqrt{\frac{d}{f}-\frac{e}{f}x^2}=u$	$\frac{2xu-4s}{\eta}=t=\frac{4}{\eta}ADGa.$ Fig. 3, 4.
II. 2 $\frac{dz^{\frac{3}{2}\eta-1}}{e+fz^{\eta}}=y$	$\sqrt{\frac{d}{e+fz^{\eta}}}=x$	$\sqrt{\frac{d}{f}-\frac{e}{f}x^2}=u$	$\frac{2d}{\eta f}z^{\frac{1}{2}\eta}+\frac{4es-2exu}{\eta f}=t.$
II. 3 $\frac{dz^{\frac{5}{2}\eta-1}}{e+fz^{\eta}}=y$	$\sqrt{\frac{d}{e+fz^{\eta}}}=x$	$\sqrt{\frac{d}{f}-\frac{e}{f}x^2}=u$	$\frac{2d}{3\eta f}z^{\frac{3}{2}\eta}-\frac{2de}{\eta f^2}z^{\frac{1}{2}\eta}+\frac{2e^2xu-4e^2s}{\eta f^2}=t.$
III. 1 $\frac{d}{z}\sqrt{e+fz^{\eta}}=y$	$\frac{1}{z^{\eta}}=x^2$	$\sqrt{f+ex^2}=u$	$\frac{4de}{\eta f}\times\frac{u^3}{2ex}-s=t=\frac{4de}{\eta f}$ par aGDT, ou par AFDB÷TDB. (Fig. 2, 3, 4.
ou ainsi	$\frac{1}{z^{\eta}}=x$	$\sqrt{fx+ex^2}=u$	$\frac{8de^2}{\eta f^2}\times s-\frac{1}{2}xu-\frac{fu}{4e}+\frac{f^2u}{4e^2x}=t=\frac{8de^2}{\eta f^2}$ par aGDA $+\frac{f^2u}{4e^2x}$ (Fig. 3, 4.
III. 2 $\frac{d}{z^{\eta+1}}\sqrt{e+fz^{\eta}}=y$	$\frac{1}{z^{\eta}}=x^2$	$\sqrt{f+ex^2}=u$	$\frac{-2d}{\eta}s=t=\frac{2d}{\eta}$ APDB ou $\frac{2d}{\eta}$ aGDB. Fig. 2, 3, 4.
ou ainsi	$\frac{1}{z^{\eta}}=x$	$\sqrt{fx+ex^2}=u$	$\frac{4de}{\eta f}\times s-\frac{1}{2}xu-\frac{fu}{2e}=t=\frac{4de}{\eta f}\times$ aGDK. Fig. 3, 4.
III. 3 $\frac{d}{z^{2\eta+1}}\sqrt{e+fz^{\eta}}=y$	$\frac{1}{z^{\eta}}=x$	$\sqrt{fx+ex^2}=u$	$\frac{-d}{\eta}s=t=\frac{d}{\eta}\times-$ aGDB ou BDPK. Fig. 4.
III. 4 $\frac{d}{z^{3\eta+1}}\sqrt{e+fz^{\eta}}=y$	$\frac{1}{z^{\eta}}=x$	$\sqrt{fx+ex^2}=u$	$\frac{3dfs-2du^3}{6\eta e}=t.$

Formes des Courbes.		Sections Coniques. Abciſſes.	Ordonnées.	Valeurs des Aires.
IV.	1 $\frac{d}{z\sqrt{e+fz^{\eta}}}=y$	$\frac{1}{z^{\eta}}=x^{2}$	$\sqrt{f+ex^{2}}=u$	$\frac{4d}{\eta f}\times\overline{\frac{1}{2}xu\div s}=t=\frac{4d}{\eta f}$ par PAD ou par aGDA. *Fig.* 2, 3, 4.
	ou ainſi	$\frac{1}{z^{\eta}}=x$	$\sqrt{fx+ex^{2}}=u$	$\frac{8de}{\eta f^{2}}\times\overline{s-\frac{1}{2}xu-\frac{fu}{4e}}=t=\frac{8de}{\eta f^{2}}$ par aGDA. *Fig.* 3, 4.
	2 $\frac{d}{z^{\eta+1}\sqrt{e+fz^{\eta}}}=y$	$\frac{1}{z^{\eta}}=x^{2}$	$\sqrt{f+ex^{2}}=u$	$\frac{2d}{\eta e}\times\overline{s-xu}=t=\frac{2d}{\eta e}$ par POD ou par AODGa. *Fig.* 2, 3, 4.
	ou ainſi	$\frac{1}{z^{\eta}}=x$	$\sqrt{fx+ex^{2}}=u$	$\frac{4d}{\eta f}\times\overline{\frac{1}{2}xu\div s}=t=\frac{4d}{\eta f}$ par aDGa. *Fig.* 3, 4.
	3 $\frac{d}{z^{2\eta+1}\sqrt{e+fz^{\eta}}}=y$	$\frac{1}{z^{\eta}}=x$	$\sqrt{fx+ex^{2}}=u$	$\frac{d}{\eta e}\times\overline{3s\div 2xu}=t=\frac{d}{\eta e}$ par 3aDGa ÷ ΔaDB. *Fig.* 3, 4.
	4 $\frac{d}{z^{3\eta+1}\sqrt{e+fz^{\eta}}}=y$	$\frac{1}{z^{\eta}}=x$	$\sqrt{fx+ex^{2}}=u$	$\frac{10dfxu-15dfs-2dex^{2}u}{6\eta e}=t.$
V.	1 $\frac{dz^{\eta-1}}{e+fz^{\eta}+gz^{2\eta}}=y$	$\sqrt{\frac{d}{e+fz^{\eta}+gz^{2\eta}}}=x$	$\sqrt{\frac{d}{g}+\frac{f^{2}-4eg}{4g^{2}}x^{2}}=u$	$\frac{xu-2s}{\eta}=t.$
	ou ainſi	$\sqrt{\frac{dz^{2\eta}}{e+fz^{\eta}+gz^{2\eta}}}=x$	$\sqrt{\frac{d}{e}+\frac{f^{2}-4eg}{4e^{2}}x^{2}}=u$	$\frac{2s-xu}{\eta}=t.$
	2 $\frac{dz^{2\eta-1}}{e+fz^{\eta}+gz^{2\eta}}=y$	$\sqrt{\frac{d}{e+fz^{\eta}+gz^{2\eta}}}=x$ $fz^{\eta}+gz^{2\eta}=\xi$	$\sqrt{\frac{d}{g}+\frac{f^{2}-4eg}{4g^{2}}x^{2}}=u$ $\frac{1}{e+\xi}=\tau$	$\frac{d\sigma+2fs-fxu}{2\eta g}=t.$
VI.	1 $\frac{dz^{\frac{1}{2}\eta-1}}{e+fz^{\eta}+gz^{2\eta}}=y$	$\sqrt{\frac{2dg}{f-p+2gz^{\eta}}}=x$ $\sqrt{\frac{2dg}{f+p+2gz^{\eta}}}=\xi$	$\sqrt{d+\frac{-f+p}{2g}x^{2}}=u$ $\sqrt{d+\frac{-f-p}{2g}\xi^{2}}=\tau$	$\frac{2xu-4s-2\xi\tau+4\sigma}{\eta p}=t.$
	2 $\frac{dz^{\frac{1}{2}\eta-1}}{e+fz^{\eta}+gz^{2\eta}}=y$	$\sqrt{\frac{2dez^{\eta}}{fz^{\eta}-pz^{\eta}+2e}}=x$ $\sqrt{\frac{2dez^{\eta}}{fz^{\eta}+pz^{\eta}+2e}}=\xi$	$\sqrt{d+\frac{-f+p}{2e}x^{2}}=u$ $\sqrt{d+\frac{-f-p}{2e}\xi^{2}}=\tau$	$\frac{4s-2xu-4\sigma+2\xi\tau}{\eta p}=t.$

		Formes des Courbes.	Sections Coniques. Abciſſes.	Ordonnées.	Valeurs des Aires.
VII.	1	$\frac{d}{z}\sqrt{e+fz^n+gz^{2n}}=y$	$z^n=x$ $\frac{1}{z^n}=\xi$	$\sqrt{e+fx+gx^2}=u$ $\sqrt{g+f\xi+e\xi^2}=\Upsilon$	$\frac{4de^2\xi\Upsilon+2def\Upsilon-2dfgxu{+4deg \atop -2ffd}u-8de^2\sigma+4dfgs}{4neg-nff}=t.$
	2	$dz^{n-1}\sqrt{e+fz^n+gz^{2n}}=y$	$z^n=x$	$\sqrt{e+fx+gx^2}=u$	$\frac{d}{n}s=t=\frac{d}{n}\times\alpha GDB.$ Fig. 2, 3, 4.
	3	$dz^{2n-1}\sqrt{e+fz^n+gz^{2n}}=y$	$z^n=x$	$\sqrt{e+fx+gx^2}=u$	$\frac{d}{3ng}u^3-\frac{df}{2ng}s=t.$
	4	$dz^{3n-1}\sqrt{e+fz^n+gz^{2n}}=y$	$z^n=x$	$\sqrt{e+fx+gx^2}=u$	$\frac{6dgx-5df}{24ng^2}u^3+\frac{5df^2-4deg}{16ng^2}s=t.$
VIII.	1	$\frac{dz^{n-1}}{\sqrt{e+fz^n+gz^{2n}}}=y$	$z^n=x$	$\sqrt{e+fx+gx^2}=u$	$\frac{8dgs-4dgxu-2dfu}{4neg-nf^2}=t=\frac{8dg}{4neg-nf^2}\times\alpha GDB=\triangle DBA.$ (Fig. 2, 4.
	2	$\frac{dz^{2n-1}}{\sqrt{e+fz^n+gz^{2n}}}=y$	$z^n=x$	$\sqrt{e+fx+gx^2}=u$	$\frac{-4dfs+2dfxu+4deu}{4neg-nf^2}=t.$
	3	$\frac{dz^{3n-1}}{\sqrt{e+fz^n+gz^{2n}}}=y$	$z^n=x$	$\sqrt{e+fx+gx^2}=u$	$\frac{{3dff \atop -4deg}s{-2dff \atop +4deg}xu-2defu}{4neg^2-nf^2g}=t.$
	4	$\frac{dz^{4n-1}}{\sqrt{e+fz^n+gz^{2n}}}=y$	$z^n=x$	$\sqrt{e+fx+gx^2}=u$	$\frac{{36defg \atop -15df^3}s{+8degg \atop -2df^2g}x^2u{+10dfff \atop -28defg}xu{+10deff \atop -16de^2g}u}{24neg^3-6nf^2g^2}=t.$
IX.	1	$\frac{dz^{n-1}\sqrt{e+fz^n}}{g+hz^n}=y.$	$\sqrt{\frac{d}{g+hz^n}}=x$	$\sqrt{\frac{df}{h}+\frac{eh-fg}{h}x^2}=u$	$\frac{{4fg \atop -4eh}s{-2fg \atop +2eh}xu+2df\frac{u}{x}}{nfh}=t.$
	2	$\frac{dz^{2n-1}\sqrt{e+fz^n}}{g+hz^n}=y$	$\sqrt{\frac{d}{g+hz^n}}=x$	$\sqrt{\frac{df}{h}+\frac{eh-fg}{h}x^2}=u$	$\frac{{4egh \atop -4fgg}s{-2egh \atop +2fgg}xu+\frac{2}{3}dh\frac{u^3}{x^3}-2dfg\frac{u}{x}}{nfh^2}=t.$

Formes des Courbes.		Sections Coniques. Abcisses.	Ordonnées.	Valeurs des Aires.
X.	1 $\frac{dz^{\eta-1}}{g+hz^{\eta}\sqrt{e+fz^{\eta}}}=y$	$\sqrt{\frac{d}{g+hz^{\eta}}}=x$	$\sqrt{\frac{af}{h}+\frac{eh-fg}{h}x^2}=u$	$\frac{2xu-4s}{nf}=t=\frac{4}{nf}$ADGa. Fig. 3, 4.
	2 $\frac{dz^{2\eta-1}}{g+hz^{\eta}\sqrt{e+fz^{\eta}}}=y$	$\sqrt{\frac{d}{g+hz^{\eta}}}=x$	$\sqrt{\frac{dj}{h}+\frac{eh-fg}{h}x^2}=u$	$\frac{4gs-2gxu+2d\frac{u}{x}}{nfh}=t$.
XI.	1 $dz^{-1}\sqrt{\frac{e+fz^{\eta}}{g+hz^{\eta}}}=y$	$\sqrt{g+hz^{\eta}}=x$ $\sqrt{h+g\zeta^{-\eta}}=\xi$	$\sqrt{\frac{eh-fg}{h}+\frac{f}{h}x^2}=u$ $\sqrt{\frac{fg-eh}{g}+\frac{e}{g}\xi^2}=\Upsilon$	$\frac{2dxu^3z^{-n}-ndfs-4des}{nfg-neh}=t$.
	2 $dz^{\eta-1}\sqrt{\frac{e+fz^{\eta}}{g+hz^{\eta}}}=y$	$\sqrt{g+hz^{\eta}}=x$	$\sqrt{\frac{eh-fg}{h}+\frac{f}{h}x^2}=u$	$\frac{2d}{n}s=t$.
	3 $dz^{2\eta-1}\frac{e+fz^{\eta}}{g+hz^{\eta}}=y$.	$\sqrt{g+hz^{\eta}}=x$	$\sqrt{\frac{eh-fg}{h}+\frac{f}{h}x^2}=u$	$\frac{dhxu^3-3dfgs-dehs}{2nfh^2}=t$.

LXXI. Avant que d'éclaircir par des Exemples ces Theoremes fur ces Claffes de Courbes, je penfe qu'il convient d'obferver,

LXXII. 1. Que comme j'ai fuppofé dans les Equations à ces Courbes que tous les Signes des Quantités d, e, f, g, h & i font affirmatifs, il faut toutes les fois qu'ils feront négatifs les changer dans les valeurs fubfequentes de l'Abciffe & de l'Ordonnée de la Section Conique, & auffi dans la valeur de l'Aire cherchée.

LXXIII. 2. De même lorfque les Symboles numériques η & θ fe trouvent négatifs, il faut les changer dans les valeurs des Aires. Il arrive même que par le changement de ces Signes les Theoremes peuvent prendre une nouvelle forme. Par Exemple, dans la quatriéme forme de la Table 2 fi l'on change le Signe de η, le troifiéme Theoreme devient $\frac{d}{z^{-2n+1}\sqrt{e+fz^{-n}}} = y$, $\frac{1}{z^{-n}} = x$, c'eft-à-dire $\frac{dz^{3n-1}}{\sqrt{ez^{2n}+fz^{n}}} = y$, $z^{n} = x$, $\sqrt{fx+ex^{2}} = u$, $\frac{d}{ne}(2xu - 3s) = t$. Il en eft de même des autres.

LXXIV. 3. La fuite de chaque ordre, à l'exception du fecond de la premiere Table, peut de chaque côté être continuée à l'infini; car dans les fuites du troifiéme & du quatriéme Ordre de la premiere Table, les Coëfficients numériques $2, -4, 16, -96, 768$, &c. des Termes initiaux, font formés par la multiplication continuelle des Nombres $-2, -4, -6, -8, -10$, &c. par eux-mêmes; & les Coëfficients des Termes fuivants fe tirent des initiaux du troifiéme Ordre en multipliant par $-\frac{1}{2}, -\frac{3}{4}, -\frac{5}{6}, -\frac{7}{8}, -\frac{9}{10}$, &c. Mais les Coëfficients $1, 3, 15, 105$, &c. des Dénominateurs fe trouveront en multipliant continuellement par eux-mêmes les Nombres $1, 3, 5, 7, 9$, &c.

LXXV. Mais dans la feconde Table les fuites du 1[r], 2e, 3e, 4e, 9e & 10e Ordre s'étendent à l'infini par la feule Divifion. Ainfi en pouffant la Divifion jufqu'où il convient fur $\frac{dz^{4n-1}}{e+fz^{n}} = y$, du premier Ordre, vous aurez $\frac{d}{f}z^{3n-1} - \frac{de}{ff}z^{2n-1} + \frac{dee}{f^{3}}z^{n-1} - \frac{\frac{de^{3}}{f^{3}}z^{n-1}}{e+fz^{n}} = y$; les trois premiers Termes appartiennent au premier Ordre de la Table 1, & le quatriéme Terme appartient à la premiere forme de cet Ordre; d'où l'on voit que l'Aire eft $\frac{d}{3nf}z^{3n} - \frac{de}{2nff}z^{2n} + \frac{de^{2}}{f^{3}}z^{n} -$

$\frac{e^3}{y^3}s$, en mettant s pour l'Aire de la Section Conique dont l'Abciſſe eſt $x = z^n$, & l'Ordonnée $u = \frac{d}{e+fx}$

LXXVI. Les ſuites du 5ᵉ & du 6ᵉ Ordre peuvent ſe continuer à l'infini, au moyen des deux Theoremes du 5ᵉ Ordre de la premiere Table, & cela par une Addition ou Souſtraction convenable; on peut de même continuer les 7ᵉ & 8ᵉ ſuites au moyen des Theoremes du 6ᵉ Ordre de la Table 1, & la ſuite du 11ᵉ par les Theoremes du 10ᵉ Ordre de la Table 1. Par Exemple, ſi vous vouliez continuer la ſuite du 3ᵉ Ordre de la Table 2, ſuppoſez $\theta = -4n$ le 1ᵉʳ Theoreme du 5ᵉ Ordre de la Table 1 deviendra $(-8nez^{-4n-1} - 5nfz^{-3n-1})$ $(\frac{1}{5}\sqrt{e+fz^n} = y$; $\frac{R^3}{2^{4n}} = t$. Mais ſuivant le 4ᵉ Theoreme de cette ſuite qu'il faut continuer, écrivez $-\frac{5nf}{2}$ au lieu de d, & vous aurez $-\frac{5}{2}nfz^{-3n-1}\sqrt{e+fz^n} = y$, $\frac{1}{z^n} = x$, $\sqrt{fx+exx} = u$, & $\frac{10fu^3 - 15f^2s}{12e} = t$. Otez-en les premieres Valeurs de y & de t, il vous reſtera $4nez^{-4n-1}\sqrt{e+fz^n} = y$, $\frac{10fu^3 - 15ffs}{12e} - \frac{R^3}{2^{4n}} = t$; multipliés par $\frac{d}{4ne}$ & écrivez ſi vous voulez xu^3 au lieu de $\frac{R^3}{2^{4n}}$ & vous aurez pour la ſuite à continuer un 5ᵉ Theoreme $\frac{d}{z^{4n+1}}$ $\sqrt{e+fz^n} = y$, $\frac{1}{z^n} = x$, $\sqrt{fx+exx} = u$, & $\frac{10dfu^3 - 15df^2s}{48ne^2} - \frac{dxu^3}{4ne} = t$.

LXXVII. 4. On peut auſſi tirer autrement quelqu'uns de ces Ordres des autres Ordres; comme dans la ſeconde Table le 5ᵉ, 6ᵉ, 7ᵉ, & 11ᵉ du huitiéme, & le 9ᵉ du 10ᵉ; de ſorte qu'abſolument j'aurois pû les paſſer, mais ils ne laiſſent pas d'être de quelqu'uſage quoiqu'ils ne ſoient pas d'une neceſſité indiſpenſable; j'ai cependant paſſé quelques Ordres que j'aurois pû tirer du premier & du ſecond comme auſſi du 9ᵉ & du 10ᵉ, parce qu'ils étoient affectés de Dénominateur plus compliqués, & que par conſéquent ils ne pouroient être de preſque aucun uſage.

LXXVIII. 5. Si l'Equation qui repréſente une Courbe quelconque eſt compoſée de pluſieurs Equations de différens Ordres, ou d'une eſpece differente quoique du même Ordre, ſon Aire pourra être compoſée des Aires correſpondantes en prenant garde de les joindre par des Signes convenables; car il ne faut pas toujours joindre par l'Addition ou la Souftraction les Ordonnées aux Ordonnées, ou les Aires correfpondantes aux Aires correfpondantes; mais quelquefois la fomme de celle-ci & la différence de celle-là doivent être prifes pour une nouvelle Ordonnée ou pour faire une Aire correfpondante; cela doit fe pratiquer lorfque les Aires conftituantes font fituées du côté oppofé à l'Ordonnée. Mais pour lever ce fcrupule & pour éviter plus aifément cet inconvénient, j'ai donné aux différentes Valeurs des Aires les Signes qui leur conviennent & qui quelquefois font négatifs, comme on le voit dans le 5ᵉ & 7ᵉ Ordre de la Table 2.

LXXIX. 6. Il faut de plus obferver fur les Signes des Aires que $+s$ indique ou qu'il faut ajouter à d'autres Quantités dans la Valeur de s l'Aire de la Section Conique adjacente à l'Abciffe, (*Voyez le premier Exemple fuivant.*) ou bien que l'Aire de l'autre côté de l'Ordonnée doit en être fouftraite, & au contraire $-s$ indique ambiguement ou que l'Aire adjacente à l'Abciffe doit être fouftraite, ou bien que l'Aire de l'autre côté de l'Ordonnée doit être ajoutée comme il conviendra. Et fi la Valeur de t fe trouve affirmative, elle repréfente l'Aire de la Courbe adjacente à l'Abciffe, & fi au contraire elle eft négative elle repréfente l'Aire de l'autre côté de l'Ordonnée.

LXXX. 7. Mais pour déterminer plus certainement cette Aire nous pouvons rechercher fes limites; il n'y a aucune incertitude dans les limites à l'Abciffe, à l'Ordonnée & au Perimetre de la Courbe; mais fa limite initiale ou l'origine de fa Defcription peut avoir différentes pofitions; dans les Exemples fuivants elle eft ou au commencement de l'Abciffe, ou à une diftance infinie, ou au concours de la Courbe avec fon Abciffe. Mais on peut la placer ailleurs, & quelque part qu'elle foit on peut toujours la trouver en cherchant la longueur de l'Abciffe au Point où la valeur de t devient $= 0$, & en y élevant une Ordonnée, car elle fera la limite cherchée.

LXXXI. 8. Si une partie quelconque de l'Aire eft fituée au-deffous de l'Abciffe, t marquera la différence de cette Aire, & de la partie fituée au-deffus de l'Abciffe.

LXXXII. 9. Toutes les fois que dans les Valeurs de x, u & t, les Dimenfions des Termes montent trop haut ou defcendent trop bas, on peut les réduire à un jufte degré d'élevation en les divifant ou les multipliant par une Quantité donnée quelconque, que l'on peut fuppofer fervir d'unité, & cela autant de fois que ces Dimenfions feront trop hautes ou trop baffes.

LXXXIII. 10. Outre les Tables précédentes on peut encore en construire d'autres pour les Courbes qu'on peut rapporter à d'autres Courbes les plus simples de leur espece, comme à $\sqrt{a+fx^3}=u$, ou bien à $x\sqrt{e+fx^3}=u$, ou bien à $\sqrt{e+fx^4}=u$, &c. ensorte qu'on puisse toujours tirer l'Aire d'une Courbe proposée quelconque de la Courbe la plus simple, & sçavoir à quelles Courbes on peut la rapporter. Mais je viens aux Exemples pour celles qui précédent.

LXXXIV. Exemple 1. Soit QER une Courbe Conchoïdale de telle espece que le demi-Cercle QHA étant décrit, AC élevée perpendiculairement au Diametre AQ, le Parallelogramme QACI achevé, la Diagonale AI tirée qui rencontre le demi-Cercle en H & la perpendiculaire HE abaissée au Point H sur la Ligne IC; le Point E décrive une Courbe dont on demande l'Aire ACEQ.

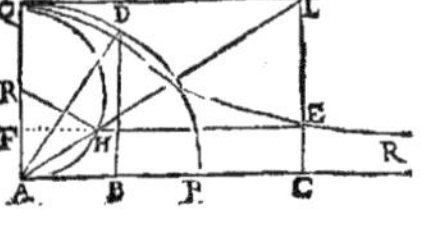

LXXXV. Faites AQ $=a$, AC $=z$, CE $=y$; à cause des proportionelles continuës AI, AQ, AH, EC, vous aurez EC ou $y=\frac{a^3}{a^2+z^2}$.

LXXXVI. Pour que cette Equation puisse prendre la forme des Equations des Tables faites $\eta=2$, pour z^2 au Dénominateur écrivez z^η, & $a^3z^{\frac{1}{2}\eta-1}$ pour a^3 ou a^3z^{1-1} au Numerateur, & vous aurez $y=\frac{a^3z^{\frac{1}{2}\eta-1}}{a^2+z^\eta}$, Equation à la premiere forme du second Ordre de la Table 2, en comparant les Termes vous aurez $d=a^3$, $e=a^2$, & $f=1$, de sorte que $\sqrt{\frac{a^3}{a^2+z^2}}=x$, $\sqrt{a^3-a^2x^2}=u$, & $xu-2s=t$.

LXXXVII. Maintenant pour réduire les Valeurs trouvées de x & u à un nombre juste de Dimensions, prenez une Quantité donnée quelconque comme a, par laquelle comme par l'unité, vous multiplierez a^3 une fois dans la Valeur de x, & vous diviserez a^3 une fois dans la Valeur de u, & deux fois a^2x^2 dans cette même Valeur; vous aurez par ce moyen $\sqrt{\frac{a^4}{a^2+z^2}}=x$, $\sqrt{a^2-x^2}=u$, & $xu-2s=t$, dont voici la construction.

LXXXVIII. Du Centre A & du Raïon AQ décrivez le quart de Circonférence QDP ; ſur AC prenez AB = AH, élevez la perpendiculaire BD qui rencontre cet Arc en D & tirez AD ; le double du Secteur ADP ſera égal à l'Aire cherchée ACEQ ; car $\sqrt{\frac{a^4}{a^2+z^2}} = \sqrt{AQ \times EC} = HA = AB = x$, & $\sqrt{a^2 - x^2} = \sqrt{ADq - ABq} = BD$ ou u, & $xu - 2s =$ le double du Triangle ADB — 2ABDQ, ou bien = le double du Triangle ADB + 2BDP, c'eſt-à-dire, ou = — 2QAD ou = 2DAP, cette Valeur affirmative 2DAP appartient à l'Aire ACEQ du côté de EC, & la négative — 2QAD appartient à l'Aire RECR étenduë à l'infini au-delà de EC.

LXXXIX. On peut quelquefois rendre plus élégantes ces Solutions de Problêmes ; dans ce cas-ci par exemple tirez RH demi-Diametre du Cercle QHA ; à cauſe des Arcs égaux QH & DP, le Secteur QRH eſt la moitié du Secteur DAP, & par conſéquent le quart de la Surface ACEQ.

XC. Exemple 2. Soit une Courbe AGE décrite par le Point Angulaire E de la Régle en Equerre AEF, dont l'une des jambes AE eſt indéfinie & paſſe continuellement par le Point donné A, tandis que l'autre jambe EF d'une longueur donnée gliſſe ſur la droite AF donnée de poſition. Sur AF laiſſez tomber la perpendiculaire EH, achevez le Parallelogramme AHEC, & nommez AC $= z$, CE $= y$, EF $= a$, à cauſe des proportionelles continuës HF, HE, HA, vous aurez HA ou $y = \frac{z^2}{\sqrt{a^2 - z^2}}$.

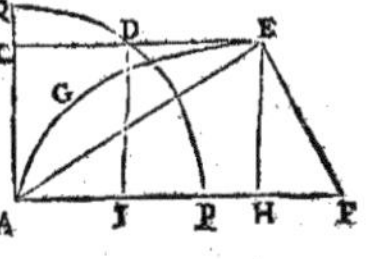

XIC. Maintenant pour connoître l'Aire AGEC ſuppoſez $z^2 = z^\eta$, ou $2 = \eta$, cela vous donnera $\frac{z^{\frac{1}{2}\eta+1}}{\sqrt{a^2 - z^\eta}} = y$; comme z eſt dans le Numerateur élevé à une Dimenſion rompuë, abaiſſez la Valeur de y en diviſant par $z^{\frac{1}{2}\eta}$, & vous aurez $\frac{z^{\eta-1}}{\sqrt{a^2 z^{-\eta} - 1}} = y$, Equation de la ſeconde forme du 7e Ordre de la Table 2. Comparant les Termes $d = 1$, $e = -1$, & $f = a^2$; ainſi $z^2 = \frac{1}{z^{-\eta}} = x^2$, $\sqrt{a^2 - x^2} = u$, & $s - xu = t$; puis donc que x & z ſont égales & que $\sqrt{a^2 - x^2}$

$= u$, est une Equation au Cercle dont le Diametre est a ; du Centre A & de l'intervale a ou EF, décrivez le Cercle PDQ que CE rencontre en D, achevez le Parallelogramme ACDI & vous aurez AC $= z$, CD $= u$ & l'Aire cherchée AGEC $= s - xu =$ ACDP $-$ ACDI $=$ IDP.

XIIC. EXEMPLE 3. Soit AGE la Cissoïde appartenant au Cercle ADQ décrit du Diametre AQ, soit tirée DCE perpendiculaire au Diametre & rencontrant les Courbes en D & E ; faites AC $= z$, CE $= y$ & AQ $= a$; à cause des proportionelles continuës CD, CA, CE, vous aurez CE ou $y = \frac{zz}{\sqrt{az - zz}}$ ou en divisant par z, $y = \frac{z}{\sqrt{az^{-1} - 1}}$. Ainsi $z^{-1} = z^{\eta}$ ou $-1 = \eta$ & $y = \frac{z^{-2\eta-1}}{\sqrt{az^{\eta} - 1}}$ Equation de la 3e forme du 4e Ordre de la Table 2 ; comparant les Termes $d = 1$; $e = -1$, & $f = a$; ainsi $z = \frac{1}{z^{\eta}} = x$, $\sqrt{ax - xx} = u$ & $3s - 2xu = t$; c'est pourquoi AC $= x$, CD $= u$ & ACDH $= s$; de sorte que 3ACDH — quatre fois le Triangle ADC $= 3s - 2xu = t =$ à l'Aire de la Cissoïde ACEGA ; ou ce qui est la même chose trois Segments ADHA $=$ l'Aire ADEGA ou quatre Segments ADHA $=$ l'Aire AHDEGA.

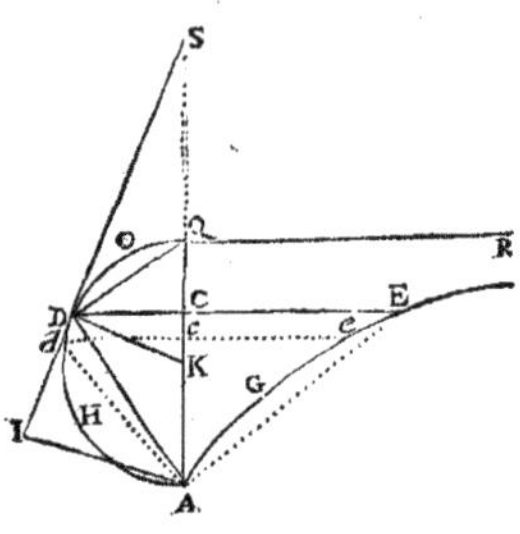

XCIII. Exemple 4. Soit PE la premiere Conchoïde des Anciens, décrite du Centre G de l'Asymptote AL & de l'intervale LE ; tirez son Axe GAP & abaissez l'Ordonnée EC ; faites AC $= z$, CE $= y$, GA $= b$, & AP $= c$; la proportion AC : CE — AL : : GC : CE donne CE ou $y = \frac{b+z}{z}\sqrt{c^2 - z^2}$.

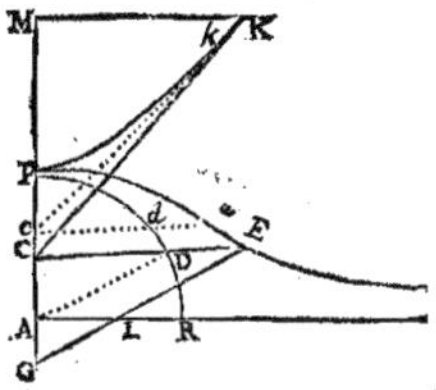

XCIV. Maintenant pour trouver l'Aire PEC, il faut considérer séparément les parties de l'Ordonnée CE ; en divisant cette Ordonnée CE en D de telle façon que CD $= \sqrt{e^2 - z^2}$, & DE $= \frac{b}{z}\sqrt{e^2 - z^2}$, CD sera l'Ordonnée d'un Cercle décrit du Centre A & du Raïon AP ; la partie PCD de l'Aire est donc connuë, & il ne reste à trouver que l'autre partie DPED ; puis donc que DE partie de l'Ordonnée par laquelle cette Aire est décrite $= \frac{b}{z}\sqrt{e^2 - z^2}$ faites $2 = n$, vous aurez $\frac{b}{z}\sqrt{e^2 - z^n} =$ DE, Equation à la premiere forme du 3e Ordre de la Table 2 ; comparant les Termes, d, est $= b$, $e = c^2$ & $f = -1$, d'où $\frac{1}{z} = \sqrt{\frac{1}{z^n}} = x$, $\sqrt{-1 + c^2x^2} = u$ & $2bc^2s - \frac{bu^r}{x} = t$.

XCV. Réduisez les Termes à un nombre juste de Dimensions en multipliant ceux qui sont trop bas & divisant ceux qui sont trop haut par quelque Quantité donnée ; si vous le faites par c vous aurez $\frac{c^2}{z} = x$, $\sqrt{-c^2 + x^2} = u$ & $\frac{2bs}{c} - \frac{bu^3}{cx} = t$, ce qui se construit ainsi,

XCVI. Du Centre A, du principal sommet P & du Parametre 2AP décrivez l'Hyperbole PK ; puis du Point C tirez la droite CK qui touche l'Hyperbole en K ; vous aurez AP : 2AG : : l'Aire CKPC : l'Aire cherchée DPED.

XCVII. Exemple 5. La Régle en Equerre GFE tourne autour du Pôle G, de sorte que son Point Angulaire F glisse continuellement sur la droite AF donnée de position ; dans ce Mouvement un Point quelconque E de l'autre jambe EF décrit une Courbe be PE; on demande l'Aire de cette Courbe; pour la trouver sur la droite AF abaissez les perpendiculaires GA & EH, achevez le Parallelogramme AHEC & nommez AC, z; CE, y; AG, b; & EF, c; les proportionelles HF : EH : : AG : AF vous donnent AF $= \frac{bz}{\sqrt{cc - zz}}$. Donc CE ou $y = \frac{bz}{\sqrt{c^2 - z^2}} - \sqrt{c^2 - z^2}$; mais comme $\sqrt{cc - zz}$ est l'Ordonnée d'un Cercle dont le Raïon est c, décrivez du Centre A un tel Cercle PDQ rencontré en D par la Ligne prolongée CE & vous aurez DE $= \frac{bz}{\sqrt{c^2 - z^2}}$, Equation par le moyen de laquelle vous devez déterminer l'Aire PDEP ou DERQ; supposez donc $\eta = 2$ & $\theta = b$, vous aurez DE $= \frac{bz^{\eta - 1}}{\sqrt{cc - z^2}}$ Equation de la premiere forme du 4e Ordre de la Table 1; comparant les Termes vous trouverez $b = d$, $cc = e$, & $-1 = f$; de sorte que $-b\sqrt{cc - zz} = -bR = t$.

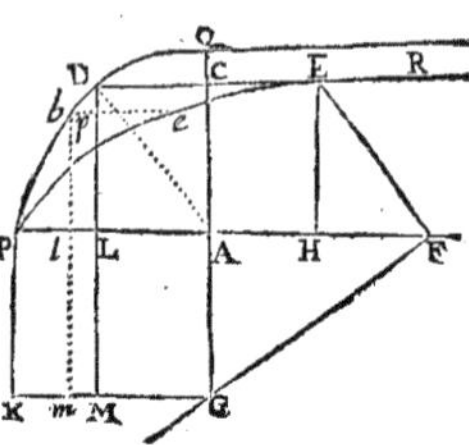

XCXVIII. Comme la Valeur de t est négative, & que par conséquent l'Aire representée par t est au-delà de la Ligne DE, il faut pour trouver sa limite initiale chercher la longueur de z au Point ou $t = 0$, on trouve que cette longueur $= c$; prolongez donc AC en Q de sorte que AQ $= c$, & élevez l'Ordonnée QR; DQRED sera l'Aire dont la Valeur trouvée est $-b\sqrt{cc - zz}$.

XCXIX. Si vous voulez connoître l'Aire PDE située sur l'Abcisse AC & qui s'étend conjointement avec elle, mais sans connoître la limite, voici comment vous pourrez la déterminer.

C. Otez la Valeur de t au commencement de l'Abcisse de sa Valeur quand il regne sur l'Abcisse, c'est-à-dire, ôtez $-bc$ de $-b\sqrt{cc - zz}$, & vous aurez la Quantité cherchée $bc - b\sqrt{cc - zz}$; faisant donc le Parallelogramme PAGK & sur AP abaissant la perpendiculaire DM qui rencontre GK en M; le Parallelogramme PKLM sera égal à l'Aire PDE.

CI. Mais lorſque l'Equation qui détermine la nature de la Courbe ne ſe peut pas trouver dans les Tables, & ne peut ſe réduire à des Termes plus ſimples par la Diviſion n'y par aucun autre moyen, il faudra la transformer en d'autres Equations de Courbes qui y ayent raport de la façon qu'on a vû dans le Prob. 8. juſqu'à ce qu'enfin l'on en trouve une dont l'Aire puiſſe être connuë par les Tables; & lorſqu'après tous ces Eſſais l'on ne peut en trouver une telle, on peut conclure certainement que la Courbe propoſée ne peut ſe comparer ni avec des Figures Rectilignes, ni avec les Sections Coniques.

CII. Lorſqu'il s'agira de Courbes Mécaniques il faudra les tranſformer d'abord en Courbes Geometriques égales comme dans le Prob. 8. & alors vous pourrez trouver par les Tables les Aires de ces Courbes Géometriques. En voici un Exemple.

CIII. Exemple 6. Soit propoſé de déterminer l'Aire de la Courbe des Arcs d'une Section Conique quelconque, en ſuppoſant ces Arcs Ordonnés à leur Sinus droits. Soit pour mieux s'expliquer A le Centre de la Section Conique; AQ & AR les demi-Axes, CD l'Ordonnée à l'Axe AR, PD une perpendiculaire au Point D de la Section Conique; ſoit AE la Courbe Mécanique cherchée

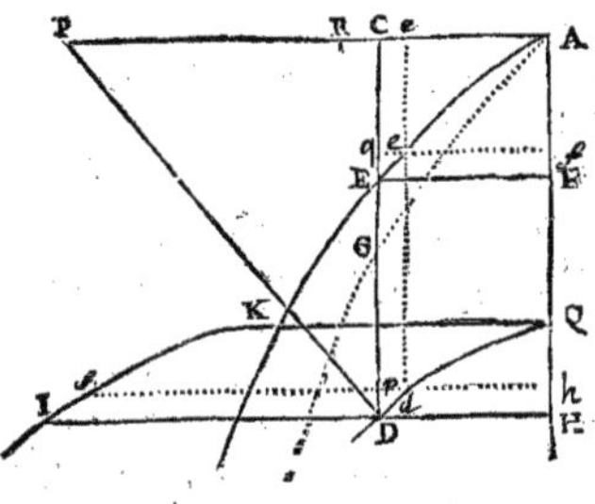

rencontrant CD en E; par la nature de la Courbe CE ſera égale à l'Arc QD; & c'eſt l'Aire AEC que l'on cherche, ou bien ayant achevé le Parallelogramme ACEF c'eſt l'excès AEF que l'on demande. Pour cela ſoit a le Parametre de la Section Conique b, ſon *Latus tranſverſum* $= 2$AQ, ſoit AC $= z$, & CD $= y$, vous aurez

$\sqrt{\frac{1}{4}bb + \frac{b}{a}zz} = y$, Equation à la Section Conique ; aussi PC = $\frac{b}{a}z$, d'où PD = $\sqrt{\frac{1}{4}bb + \frac{bb + ab}{aa}zz}$.

CIV. Mais la Fluxion de l'Arc QD est à la Fluxion de l'Abcisse AC comme PD est à CD ; la Fluxion de l'Abcisse étant donc supposée = 1, la Fluxion de l'Arc QD ou de l'Ordonnée CE sera $\sqrt{\frac{\frac{1}{4}bb + \frac{bb+ab}{aa}zz}{\frac{1}{4}bb + \frac{b}{a}zz}}$; multipliés par FE ou z, vous aurez $z\sqrt{\frac{\frac{1}{4}bb + \frac{bb+ab}{aa}zz}{\frac{1}{4}bb + \frac{b}{a}zz}}$ pour la Fluxion de l'Aire AEF ; sur l'Ordonnée CD prenez donc CG = $z\sqrt{\frac{\frac{1}{4}bb + \frac{bb+ab}{aa}zz}{\frac{1}{4}bb + \frac{b}{a}zz}}$; l'Aire AGC décrite par le Mouvement de CG sur AC sera égale à l'Aire AEF, & la Courbe AG sera une Courbe Géometrique, & par conséquent l'Aire AGC est trouvée ; car pour z^2 substituez z^n dans la derniere Equation, & vous aurez $z^{n-1}\sqrt{\frac{\frac{1}{4}bb + \frac{bb+ab}{aa}z^n}{\frac{1}{4}bb + \frac{b}{a}z^n}} = CG$, Equation de la seconde forme du onziéme Ordre de la Table 2. & en comparant $d = 1$, $e = \frac{1}{4}bb = g$, $f = \frac{bb+ab}{aa}$, & $h = \frac{b}{a}$; de sorte que $\sqrt{\frac{1}{4}bb + \frac{b}{a}zz} = x$, $\sqrt{-\frac{b^3}{4a} + \frac{a+b}{a}xx} = u$, & $\frac{a}{b}s = t$; c'est-à-dire, CD = x, DP = u, & $\frac{a}{b}s = t$. Voici maintenant la construction.

CV. Au Point Q élevez QK perpendiculaire & égale à QA, à laquelle par le Point D tirez la parallele HI égale à DP ; la Ligne KI où se détermine HI sera une Section Conique, & l'Aire HIKQ sera à l'Aire cherchée AEF, comme $b : a$ ou : : PC : AC.

CVI. Remarquez qu'en changeant le Signe de b, la Section Conique à l'Arc de laquelle la ligne droite CE est égale, devient une Ellipse, & cette Ellipse un Cercle en faisant $b = -a$, auquel cas la Ligne KI devient une droite parallele à AQ.

CVII. Quand vous aurez ainsi trouvé l'Aire de la Courbe & fait la construction ; il faudra en chercher la démonstration par la

Synthese, c'eſt-à-dire en éloignant autant qu'il ſera poſſible tout calcul Algébrique, ce qui deviendra bien plus élégant. Il y a ſur cela une Méthode générale de démonſtration que je vais tâcher d'éclaircir par les Exemples ſuivants.

Démonſtration de la Conſtruction dans l'Exemple 5.

CVIII. Sur l'Arc PQ prenez un Point *d* indéfiniment près de D, (*Fig. pag.* 121.) tirez *de* & *dm* paralleles à DE & DM, qui rencontrent DM & AP en *p* & *l*. DE*ed* ſera le moment de l'Aire PDEP, & LM*ml* ſera celui de l'Aire LMKP ; tirez le demi-Diametre AD & imaginez que l'Arc indéfiniment petit *d*D eſt une droite, les Triangles D*pd* & ALD ſeront ſemblables, & par conſéquent D*p* : *pd* : : AL : LD ; mais HF : EH : : AG : AF ou AL : LD : : ML : DE ; ainſi D*p* : *pd* : : ML : DE ; donc D*p* × DE = *pd* × ML, c'eſt-à-dire, le Moment DE*ed* eſt égal au Moment LM*ml* ; & comme ceci eſt démontré des Moments contemporains quelconques, il eſt évident que tous les Moments de l'Aire PDEP, ſont égaux à tous les Moments contemporains de l'Aire PLMK, & par conſéquent les Aires entieres compoſées de ces Moments ſont égales auſſi C. Q. F. D.

Démonſtration de la Conſtruction dans l'Exemple 3.

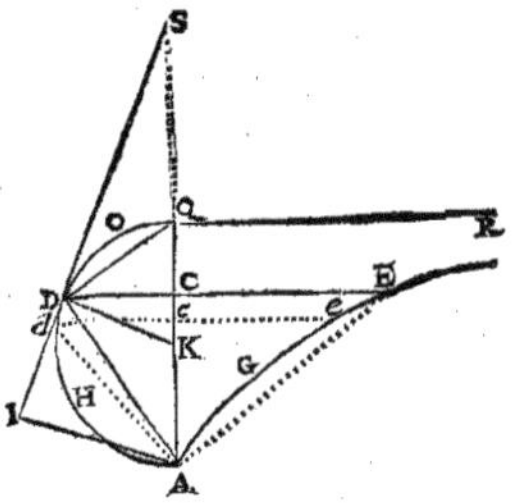

CIX. Soit DE*ed* le Moment de la Surface AHDE, & ſoit A*d*DA le Moment contemporain du Segment ADH ; tirez le demi-Diametre DK, & que *de* rencontre AK en *c* ; C*c* : D*d* : : CD : DK, & DC : QA ou 2DK : : AC : DE ; ainſi C*c* : 2D*d* : : DC : 2DK : : AC : DE & C*c* × DE = 2D*d* × AC. Sur le Moment prolongé D*d* de la Circonférence, c'eſt-à-dire, ſur la Tangente du Cercle élevez la perpendiculaire AI, elle ſera égale à AC ; de ſorte que 2D*d* × AC = 2D*d* × AI = quatre fois le Triangle ADd = par conséquent Cc × DE = le Moment DEed ; donc chaque Moment de l'Espace AHDE est Quadruple du Moment contemporain du Segment ADH, & l'Espace total Quadruple du Segment total.

Démonstration de la Construction dans l'Exemple 4.

CX. Tirez ce parallele & indéfiniment près de CE, tirez aussi la Tangente ck de l'Hyperbole, & KM perpendiculaire à la Ligne AP. Par la nature de l'Hyperbole AC : AP : : AP : AM & AGq : GLq : : ACq : LEq ou APq : : APq : AMq ; & en divisant AGq : ALq ou DEq : : APq : AMq — APq ou MKq ; & en renversant AG : AP : : DE : MK ; mais la petite Aire DEed est au Triangle CKc comme la hauteur DE est à la moitié de la hauteur KM, c'est-à-dire : : AG : ½AP. Donc tous les Moments de l'Espace PDE sont à tous les Moments contemporains de l'Espace PKC, comme AG : ½AP ; & par conséquent les Espaces entiers sont en même raison.

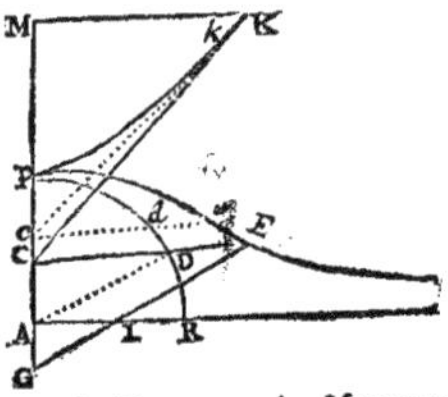

Démonstration de la Construction dans l'Exemple 6.

CXI. Tirez indéfiniment près la Ligne cd parallele à CD, (*Fig. pag.* 122.) qui rencontre en e la Courbe AE ; tirez aussi hi & fe qui rencontrent DC en p & q. Par l'Hypothese Dd = Eq, & à cause des Triangles semblables Ddp & DCP, Dp : Dd ou Eq : : CP : PD ou HI, ainsi Dp × HI = Eq × CP ; & de-là Dp × HI ou le Moment HIih : Eq × AC ou le Moment EFfe : : Eq × CP ; Eq × AC : : CP : AC, & comme AC & PC sont en raison donnée du Parametre au *Latus transversum* de la Section Conique QD, & comme les Moments HIih & EFfe des Aires HIKQ & AEF sont dans cette même raison, les Aires aussi seront dans cette même raison. C. Q. F. D.

CXII. Dans ces démonstrations l'on doit observer que je prends pour égales les Quantités dont la raiſon eſt celle de l'égalité, & qu'une raiſon eſt cenſée telle lorſqu'elle ne differe de l'égalité que par une raiſon moindre qu'une raiſon inégale aſſignable quelconque. Ainſi dans la derniere démonſtration j'ai ſuppoſé le Rectangle $Eq \times AC$ ou $FEqf$ égal à l'Eſpace $FEef$, parce que Eqe étant infiniment plus petit en comparaiſon, ils ne peuvent avoir une raiſon d'égalité. J'ai fait par la même raiſon $DP \times HI = HIih$, & ainſi des autres.

CXIII. Pour prouver l'égalité ou la raiſon donnée des Aires des Courbes, je me ſuis ſervi de l'égalité ou de la raiſon donnée de leur Moments comme d'une maniere qui a quelqu'affinité avec les Méthodes qu'on employe ordinairement; mais celle qui dépend de la conſidération du Mouvement ou Fluxion qui produit une Surface paroît la plus naturelle; ainſi pour démontrer la conſtruction de l'Exemple 2. je dirois, par la nature du Cercle la Fluxion de la droite ID (*Fig. pag.* 118.) eſt à la Fluxion de la droite IP :: AI : ID & AI : ID :: ID : CE par la nature de la Courbe AGE; ainſi $CE \times \dot{\overline{ID}} = ID \times \dot{\overline{IP}}$; mais $CE \times \dot{\overline{ID}}$ = à la Fluxion de l'Aire ACEG & $ID \times \dot{\overline{IP}}$ = à la Fluxion de l'Aire PDI, donc ces Aires qui ſont produites par une égale Fluxion doivent être égales C. *q. f.* D.

CXIV. Je vais encore ajouter la démonſtration de la conſtruction de l'Exemple 3. où l'on détermine l'Aire de la Ciſſoïde, tirez la corde DQ & l'Aſymptote QR de la Ciſſoïde. Par la nature du Cercle $DQq = AQ \times CQ$, & en prenant les Fluxions $2DQ$ multipliées par la Fluxion de $DQ = AQ \times \dot{\overline{CQ}}$; ainſi $AQ : DQ :: 2\dot{\overline{DQ}} : \dot{\overline{CQ}}$. Par la nature de la Ciſſoïde $ED : AD :: AQ : DQ$ & $ED : AD :: 2\dot{\overline{DQ}} : \dot{\overline{CQ}}$, donc $ED \times \dot{\overline{CQ}} =$

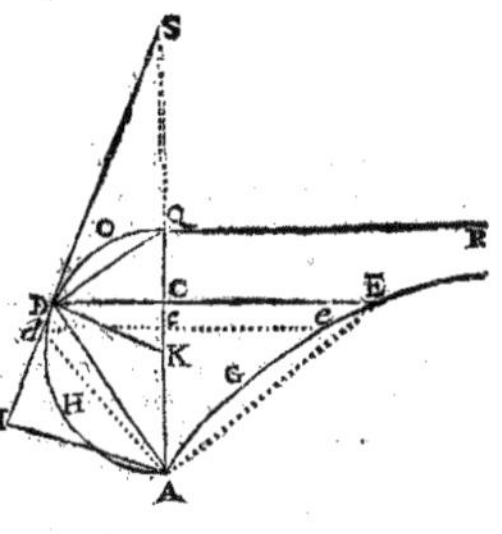

$AD \times 2\dot{DQ}$, ou $4 \times \frac{1}{2} AD \times \dot{DQ}$. Mais comme DQ eſt perpendiculaire ſur l'extrémité de AD qui tourne autour du Point A ; & comme $\frac{1}{2}AD \times \dot{QD}$ eſt égale à la Fluxion qui produit l'Aire ADOQ ; le Quadruple $ED \times \dot{CQ}$ = la Fluxion qui produit l'Aire Ciſſoïdale QREDO ; donc cette Aire QREDO infiniment étenduë eſt Quadruple de l'autre ADOQ. C. *q. f.* D.

SCHOLIE.

CXV. Par les Tables précédentes on peut tirer de leur Fluxions non ſeulement les Aires des Courbes ; mais même toutes les Quantités d'une autre eſpece qui peuvent être produites par une façon Analogue du Mouvement, & cela au moyen de ce Theoreme : *Une Quantité d'une eſpece quelconque eſt à l'unité de la même eſpece comme l'Aire d'une Conrbe eſt à l'unité de Surface, ſi la Fluxion qui produit cette Quantité eſt à l'unité de ſon eſpece comme la Fluxion qui produit l'Aire eſt à l'unité de ſon eſpece, c'eſt-à-dire, comme l'Ordonnée ou perpendiculaire qui ſe meut ſur l'Abciſſe & décrit l'Aire eſt à l'unité lineaire.* Si donc une Fluxion quelconque eſt exprimée par une Ordonnée qui ſe meut, la Quantité produite par cette Fluxion ſera exprimée par l'Aire décrite par cette Ordonnée ; ou ſi la Fluxion eſt exprimée par les mêmes Termes Algébriques que l'Ordonnée, la Quantité produite ſera exprimée par les mêmes Termes que l'Aire décrite ; il faut donc chercher dans la premiere Colonne des Tables l'Equation qui contient la Fluxion d'une eſpece quelconque, & la Valeur de t dans la derniere Colonne donnera la Quantité produite.

CXVI. Comme ſi $\sqrt{1 + \frac{9z}{4a}}$ repréſentoit une Fluxion d'une eſpece quelconque faites-là $= y$, & pour la réduire à la forme des Equations des Tables, ſubſtituez z^n pour z, vous aurez $z^{n-1}\sqrt{1 + \frac{9}{4a}z^n} = y$, Equation de la premiere forme du 3e Ordre de la Table 1 ; en comparant les Termes vous trouverez $d = 1$, $e = 1$, $f = \frac{9}{4a}$ & de là $\frac{8a + 18z}{27}\sqrt{1 + \frac{9z}{4a}} = \frac{2d}{3nf} R^3 = t$; c'eſt donc la Quantité $\frac{8a + 18z}{27}\sqrt{1 + \frac{9z}{4a}}$ qui eſt produite par la Fluxion $\sqrt{1 + \frac{9z}{4a}}$.

CXVII. De même si $\sqrt{1 + \frac{16z^{\frac{2}{3}}}{9a^{\frac{2}{3}}}}$ représente une Fluxion, tirant $z^{\frac{1}{3}}$ hors du Signe & écrivant z^{η} pour $z^{-\frac{2}{3}}$, on aura $z^{\frac{1}{\eta}+1}$ $\sqrt{z^{\eta} + \frac{16}{9a^{\frac{2}{3}}}} = y$, Equation de la 2e forme du 5e Ordre de la Table 1. en comparant les Termes ou à $d = 1$, $e = \frac{16}{9a^{\frac{2}{3}}}$, & $f = 1$, ainsi $z^{\frac{1}{3}} = \frac{1}{z^{\eta}} = xx$, $\sqrt{1 + \frac{16xx}{9a^{\frac{2}{3}}}} = u$, & $\frac{1}{2}s = \frac{-2d}{2}s = t$, ce qui étant connu, on connoîtra aussi la Quantité produite par la Fluxion $\sqrt{1 + \frac{16z^{\frac{2}{3}}}{9a^{\frac{2}{3}}}}$ en faisant cette Fluxion à l'unité de son espece, comme l'Aire $\frac{1}{2}s$ à l'unité de Surface : ou ce qui revient au même en supposant que t ne représente plus une Surface, mais une Quantité d'une autre espece qui soit à l'unité de sa propre espece, comme cette Surface est à l'unité de Surface.

CXVIII. Comme si l'on suppose que $\sqrt{1 + \frac{16z^{\frac{2}{3}}}{9a^{\frac{2}{3}}}}$ représente une Fluxion lineaire, j'imagine que t cesse de représenter une Surface & qu'il ne représente plus qu'une Ligne, cette Ligne par Exemple qui est à l'unité lineaire comme l'Aire qui (suivant les Tables) est représentée par t, est à l'unité de Surface ou autrement à l'unité qui est produite en multipliant cette Aire par l'unité lineaire ; nommant donc e cette unité linaire, la longueur produite par la Fluxion précédente sera $\frac{ss}{2e}$. Vous voyez qu'on peut sur ce fondement appliquer ces Tables à déterminer les longueurs des Courbes, leur Solides & mêmes toutes autres Quantités, aussi bien que les Aires des Courbes.

Des Questions qui ont raport à cette matiere.

1. *Trouver les Aires des Courbes par des approximations mécaniques.*

CXIX. La Méthode consiste en ce que les Valeurs de deux ou de plusieurs Figures Rectilignes peuvent être combinées ensemble, de façon qu'elles fassent à très-peu près la Valeur de l'Aire que l'on cherche.

CXX.

CXX. Par Exemple dans le Cercle AFD désigné par l'Equation $x - xx = \ddot{z}\ddot{z}$, quand vous aurez trouvé la Valeur $\frac{2}{3}x^{\frac{3}{2}} - \frac{1}{5}x^{\frac{5}{2}} - \frac{1}{28}x^{\frac{7}{2}} - \frac{1}{72}x^{\frac{9}{2}}$, &c. de l'Aire AFDB, vous chercherez les Valeurs de quelques Rectangles comme la Valeur $x\sqrt{x - xx}$, ou $x^{\frac{3}{2}} - \frac{1}{2}x^{\frac{5}{2}} - \frac{1}{8}x^{\frac{7}{2}} - \frac{1}{16}x^{\frac{9}{2}}$, du Rectangle BD × AB, & la Valeur $x\sqrt{x}$ ou $x^{\frac{3}{2}}$ du Rectangle AD × AB; ensuite vous multiplierez ces Valeurs par des Lettres differentes qui désigneront indéfiniment tels nombres qu'on voudra; vous ajouterez ensuite ces Termes & vous comparerez les Termes de la somme avec les Termes correspondants de la Valeur de l'Aire AFDB, pour les rendre égaux autant que faire se pourra. Comme si vous multipliez ces Parallelogrammes par e & f, la somme sera $\begin{matrix} ex^{\frac{3}{2}} \\ +f \end{matrix} - \frac{1}{2}ex^{\frac{5}{2}} - \frac{1}{8}ex^{\frac{7}{2}}$, &c. dont les Termes comparés avec $\frac{2}{3}x^{\frac{3}{2}} - \frac{1}{5}x^{\frac{5}{2}} - \frac{1}{28}x^{\frac{7}{2}}$, &c. donnent $e + f = \frac{2}{3}$, $-\frac{1}{2}e = -\frac{1}{5}$, ou $e = \frac{2}{5}$, & $f = \frac{2}{3} - e = \frac{4}{15}$; ainsi $\frac{2}{5}$ BD × AB + $\frac{4}{15}$ AD × AB = l'Aire AFDB à très-peu près; car $\frac{2}{5}$BD × AB + $\frac{4}{15}$ AD × AB = $\frac{2}{3}x^{\frac{3}{2}} - \frac{1}{5}x^{\frac{5}{2}} - \frac{1}{20}x^{\frac{7}{2}} - \frac{1}{40}x^{\frac{9}{2}}$, &c. ce qui étant ôté de l'Aire AFDB, ne laisse d'erreur que $\frac{1}{70}x^{\frac{7}{2}} + \frac{1}{90}x^{\frac{9}{2}}$, &c.

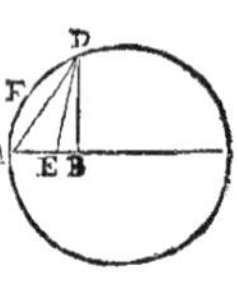

CXXI. Si l'on coupe AB au Point E, la Valeur du Rectangle AB × DE sera $x\sqrt{x - \frac{1}{4}xx}$, ou $x^{\frac{3}{2}} - \frac{1}{8}x^{\frac{5}{2}} - \frac{1}{128}x^{\frac{7}{2}} - \frac{1}{1024}x^{\frac{9}{2}}$, &c. ce qui étant comparé avec le Rectangle AD × AB, donne $\frac{8DE + 2AD}{15}$ × AB = l'Aire AFDB, il n'y a d'erreur que $\frac{1}{560}x^{\frac{7}{2}} + \frac{1}{1760}x^{\frac{9}{2}}$, &c. ce qui est toujours moindre que $\frac{1}{1500}$ partie de l'Aire totale, lors même que l'Aire AFDB est celle du quart de Cercle. On peut donc dire en maniere de Theoreme, 3 sont à 2, comme le Rectangle AB × DE, ajouté à la cinquiéme partie de la différence entre AD & DE est à l'Aire AFDB à très-peu près.

CXXII. Et de même au moyen des deux Rectangles AB × ED & AB × BD, ou des trois Rectangles tous ensemble, ou bien en prenant un plus grand nombre de Rectangles; on trouvera des Régles qui seront d'autant plus exactes qu'on aura pris davantage de Rectangles; la même chose doit s'entendre de l'Aire de l'Hyperbole ou de telle autre Courbe qu'on voudra, & même un seul Rectangle suffit quelquefois pour représenter l'Aire comme dans le Cercle

R

ci-dessus, si l'on fait BE : AB : : $\sqrt{10} : 5$, le Rectangle AB × ED sera à l'Aire AFDB comme 3 : 2, & il n'y aura d'erreur que [illegible] $x^{\frac{7}{2}}$ + [illegible] $x^{\frac{9}{2}}$, &c.

2. L'Aire étant donnée déterminer l'Abcisse & l'Ordonnée.

CXXIV. Il n'y a aucune difficulté lorsque l'Aire est exprimée par une Equation finie ; mais quand c'est une suite infinie il faut en extraire la Racine qui indique l'Abcisse ; ainsi dans l'Hyperbole dont l'Equation est $\frac{ab}{a+x} = \dot{z}$, vous aurez $z = bx - \frac{bx^2}{2a} + \frac{bx^3}{3a^2} - \frac{bx^4}{4a^3}$, &c. pour tirer de l'Aire donnée l'Abcisse x, tirez la Racine & vous aurez $x = \frac{z}{b} + \frac{z^2}{2ab^2} + \frac{z^3}{6a^2b^3} + \frac{z^4}{24a^3b^4} + \frac{z^5}{96a^4b^5}$, &c. Et si l'on demande l'Ordonnée $\dot{z}$, divisez ab par $a + x$, c'est-à-dire, par $a + \frac{z}{q} + \frac{z^2}{2ab^2} + \frac{z^3}{6a^2b^3}$, &c. ce qui donne $\dot{z} = b - \frac{z}{a} - \frac{z^2}{2a^2b} - \frac{z^3}{6a^3b^2} - \frac{z^4}{24a^4b^3}$, &c.

CXXIV. Dans l'Ellipse dont l'Equation est $ax - \frac{a}{c}xx = \dot{z}\dot{z}$, & l'Aire trouvée $z = \frac{2}{3}a^{\frac{1}{2}}x^{\frac{3}{2}} - \frac{a^{\frac{1}{2}}x^{\frac{5}{2}}}{5c} - \frac{a^{\frac{1}{2}}x^{\frac{7}{2}}}{28c^2} - \frac{a^{\frac{1}{2}}x^{\frac{9}{2}}}{72c^3}$, &c. écrivez u^3 pour $\frac{3z}{2a^{\frac{1}{2}}}$, & t pour $x^{\frac{1}{2}}$; l'Aire ci-dessus devient $u^3 = t^3 - \frac{3t^5}{10c} - \frac{3t^7}{56c^2} - \frac{t^9}{48c^3}$, &c. Et en tirant la Racine $t = u + \frac{u^3}{10c} + \frac{81u^5}{1400c^2} + \frac{1171u^7}{25200c^3}$, &c. dont le quarré $u^2 + \frac{u^4}{5c} + \frac{22u^6}{175c^2} + \frac{823u^8}{7875c^3}$, &c. est égal à x. Si vous substituez cette Valeur au lieu de x dans l'Equation $ax - \frac{a}{c}xx = \dot{z}\dot{z}$, & que vous tiriez la Racine, vous aurez $\dot{z} = a^{\frac{1}{2}}u - \frac{2a^{\frac{1}{2}}u^3}{5c} - \frac{38a^{\frac{1}{2}}u^5}{175c^2} - \frac{407a^{\frac{1}{2}}u^7}{2250c^3}$, &c. ainsi par l'Aire donnée z & la supposition de $u = \sqrt[3]{\frac{3z}{2a^{\frac{1}{2}}}}$, l'Abcisse x & l'Ordonnée $\dot{z}$ seront données. Tout ceci convient à l'Hyperbole en changeant seulement le Signe de la Quantité c, par tout où le nombre de ses Dimensions est impair.

PROBLEME X.

Trouver autant de Courbes que l'on voudra, dont les longueurs puissent être exprimées par des Equations finies.

I. VOICI quelques préparations nécessaires à la Solution de ce Problême.

II. 1. Si vous concevez que la droite DC perpendiculaire à une Courbe quelconque AD, se meuve en demeurant toujours perpendiculaire à cette Courbe, tous ses Points G, *g*, *r*, &c. décriront d'autres Courbes perpendiculaires & également éloignées de cette Ligne, comme GK, *gk*, *rs*, &c.

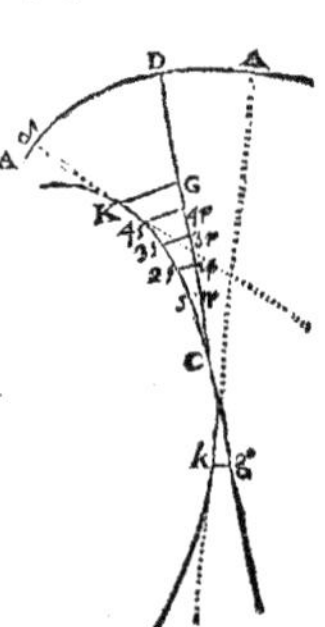

III. 2. Si vous supposez cette Ligne droite indéfinie de chaque côté, ses deux extrémités se mouvront en sens contraire, & par conséquent il y aura un Point C dans cette Ligne qui sera immobile & qu'on peut appeller le Centre de ce Mouvement ; ce Point sera le même que le Centre de Courbure de la Courbe AD au Point D, comme je l'ai dit ci-devant.

IV. 3. Si cette Courbe AD n'est point un Cercle, c'est-à-dire, si sa Courbure est inégale, par Exemple plus grande vers δ & plus petite vers Δ ; ce Centre changera continuellement de place & s'approchera de plus près comme en K des parties les plus Courbes & s'éloignera le plus comme en *k* des parties les moins Courbes, de sorte qu'il décrira une Ligne comme KC*k*.

V. 4. La Ligne droite DC touchera continuellement la Ligne décrite par le Centre de Courbure ; car si le Point D de cette Ligne se meut vers δ, le Point G qui dans le même temps passe en K & qui est situé du même côté que le Point C, se mouvra du même sens par l'Article 2. Et si le Point D se meut vers Δ, le Point g qui dans le même temps passe en *k*, & qui est situé du côté opposé au Centre C, se mouvra en sens contraire, c'est-à-dire, du même sens que G, lorsque dans le premier Cas il passe en K; ainsi K & k se trouvent toujours être d'un seul & même côté de la Ligne droite DC; mais comme K & k sont pris arbitrairement pour des Points quelconques, il est clair que toute la Courbe se trouve être d'un seul & même côté de la droite DC, & que par conséquent elle n'est point coupée mais seulement touchée par cette Ligne.

VI. On suppose ici que la Courbure de la Ligne δDΔ augmente toujours vers δ & diminue vers Δ, & si la plus grande ou la moindre Courbure étoit en D, la droite DC couperoit la Courbe CK dans un Angle mais moindre qu'aucun Angle Rectiligne possible, ce qui fait encore l'effet d'une Tangente; & dans ce Cas le Point C est le Terme ou la pointe où les deux extrémités de la Courbe se rencontrent de la façon la plus oblique & se touchent toutes deux; ainsi la droite DC qui divise l'Angle de Contact doit être regardée plûtôt comme une Ligne qui touche que comme une Ligne qui coupe.

VII. 5. La droite CG est égale à la Courbe CK; car imaginez que tous les Points r, $2r$, $3r$, $4r$, &c. de cette droite décrivent les Arcs de Courbe rs, $2r2s$, $3r3s$, &c. dans le même temps qu'ils approchent de la Courbe CK par le Mouvement de cette droite, ces Arcs qui par l'Art. 1. sont perpendiculaires aux droites qui touchent la Courbe CK, seront aussi par l'Art. 4. perpendiculaires à cette Courbe; ainsi les parties de la Ligne CK comprises entre ces Arcs pouvant être regardées comme droites à cause de leur petitesse infinie, seront égales aux intervales de ces mêmes Arcs, c'est-à-dire, par l'Art. 1. égales a autant de parties correspondantes de la droite CG; & ajoutant choses égales à choses égales, la Ligne entiere CK sera égale à la Ligne entiere CG.

VIII. On aura la même chose en imaginant que les parties de la droite CG s'appliquent successivement sur celle de la Courbe CK, & les mesurent de la même façon que la circonférence d'une rouë en roulant dans une plaine mesure la longueur du chemin que le Point de Contact décrit continuellement.

IX. On voit donc qu'on peut résoudre le Problême en prenant à volonté une Courbe quelconque AδDΔ, & en déterminant la Courbe KCk dans laquelle se trouve toujours le Centre de Courbure de la Courbe prise à volonté. Elevant donc sur la droite AB donnée de position les perpendiculaires DB & CL, prenant en AB un Point quelconque A, & nommant AB, x & BD, y, vous trouverez par le Prob. 5. le Point C, au moyen de l'Équation à la Courbe AD, qui donne la Relation de x & y, & par là vous déterminerez la Courbe KC & sa longueur GC.

X. EXEMPLE. Supposons que l'Equation à la Courbe soit $ax = yy$, celle de la Parabole d'*Appolonius*, vous trouverez par le Prob. 5. $AL = \frac{1}{2}a + 3x$, $CL = \frac{4y^3}{aa}$ & $DC = \frac{a+4x}{a}\sqrt{\frac{1}{4}aa + ax}$; AL & LC déterminent la Courbe KC, & DC détermine sa longueur; car comme il vous est libre de prendre les Points K & C par tout sur la Courbe KC; imaginons que K est le Centre de Courbure de la Parabole à son sommet, & supposons AB & BD ou x & $y = 0$, nous aurons DG $= \frac{1}{2}a$; cette longueur AK ou DG étant ôtée de la premiere Valeur indéterminée de DC laisse GK ou $KC = a + 4x\sqrt{\frac{1}{4}aa + ax} - \frac{1}{2}a$.

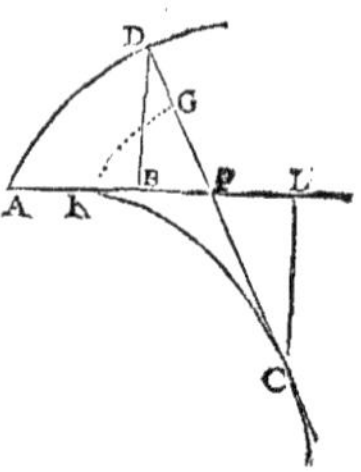

XI. Maintenant si vous voulez connoître cette Courbe-ci & sa longueur; faites $KL = z$ & $LC = u$; z sera $= AL - \frac{1}{2}a = 3x$, ou $\frac{1}{3}z = x$, & $\frac{az}{3} = ax = yy$; ainsi $4\sqrt{\frac{z^3}{27a}} = \frac{4y^3}{aa} = CL = u$, ou $\frac{16z^3}{27a} = u^2$, ce qui montre que la Courbe CK est une Parabole de la seconde Espece; sa longueur sera $\frac{3a+4z}{3a}\sqrt{\frac{1}{4}aa + \frac{1}{3}az} - \frac{1}{2}a$, en mettant $\frac{1}{3}z$ pour x dans la Valeur de CG.

XII. On peut aussi résoudre le Problême en cherchant une Equation entre AP & PD, P étant supposé l'intersection de l'Abcisse & de la perpendiculaire ; car faisant AP $= x$, & PD $= y$, imaginez que CPD se meuve & arrive en Cpd, après avoir parcouru un espace infiniment petit, sur CD & Cd prenez CΔ & Cδ du même côté & de la même longueur donnée, par exemple $= 1$, sur CL abaissez les perpendiculaires Δg & $\delta\gamma$; cette premiere Δg que vous appellerez z rencontrera la Ligne Cd au Point f ; achevez le Parallelogramme $g\gamma\delta e$ & prenez comme ci-devant les Fluxions $\dot x$, $\dot y$ & $\dot z$ des Quantités x, y & z ; vous aurez $\Delta e : \Delta f :: \overline{\Delta e}^2 : \overline{\Delta\delta}^2 :: \overline{Cg}^2 : \overline{C\Delta}^2 :: \frac{\overline{Cg}^2}{C\Delta} : C\Delta$, & $\Delta f : Pp :: C\Delta : CP$, ainsi de même $\Delta e : Pp :: \frac{\overline{Cg}^2}{C\Delta} : CP$. Mais P$p$ est le Moment dont augmente l'Abcisse AP en devenant Ap, & Δe est le Moment contemporain dont diminue la perpendiculaire Δg lorsqu'elle devient $\delta\gamma$; ainsi Δe & Pp sont comme les Fluxions des Lignes Δg, z & Ap, x, c'est-à-dire, comme $\dot z$ & $\dot x$. Donc $\dot z : \dot x :: \frac{\overline{Cg}^2}{C\Delta} : CP$; & comme $\overline{Cg}^2 = \overline{C\Delta}^2 - \overline{\Delta g}^2 = 1 - zz$, vous aurez CP $= \frac{\dot x - \dot x zz}{\dot z}$; & de plus comme il est libre de prendre pour la Fluxion uniforme l'une des trois Fluxions $\dot x$, $\dot y$ ou $\dot z$, faites $\dot x = 1$, CP deviendra $\frac{1 - zz}{\dot z}$.

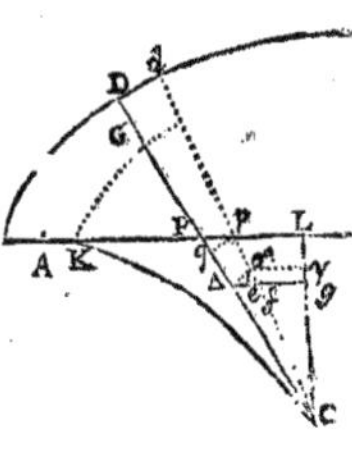

XIII. Outre cela CΔ, $1 : \Delta g$, $z :: CP : PL$; & CΔ, $1 : Cg$, $\sqrt{1 - zz} :: CP : CL$, ainsi PL $= \frac{z - z^3}{\dot z}$, & CL $= \frac{1 - zz}{\dot z}\sqrt{1 - zz}$ tirez pq parallele à l'Arc infiniment petit Dd, ou perpendiculaire à DC, Pq sera le Moment dont augmente DP lorsqu'il devient dp, &c. que dans le même temps AP devient Ap ; ainsi Pp & Pq sont comme les Fluxions de AP, x & PD, y, c'est-à-dire, comme 1 & $\dot y$; donc par les Triangles semblables Ppq & CΔg, $\dot y$ sera $= z$, ce qui donne la Solution suivante.

XIV. De l'Equation proposée qui exprime la Relation entre x

& y, tirez celle des Fluxions $\dot{x}$ & $\dot{y}$, & faisant $\dot{x} = 1$, prenez la Valeur de $\dot{y}$ à laquelle z est égale ; substituez z pour $\dot{y}$, & de cette derniere Equation tirez la Relation des Fluxions $\dot{x}$, $\dot{y}$ & $\dot{z}$, & substituant encore 1 pour $\dot{x}$, vous aurez la Valeur de $\dot{z}$; faites ensuite $\frac{1-\dot{y}\dot{y}}{\dot{z}} = CP$, $z \times CP = PL$, & $CP \times \sqrt{1 - \dot{y}\dot{y}} = CL$, C sera le Point d'où une partie quelconque CK de la Courbe est toujours égale à la droite CG, qui est la différence des Tangentes tirées des Points C & K perpendiculairement à la Courbe D*d*.

XV. Exemple. Soit $ax = yy$, l'Equation qui exprime la Relation entre AP & PD, vous aurez d'abord $a\dot{x} = 2y\dot{y}$, ou $a = 2yz$; ainsi $2\dot{y}z + 2y\dot{z} = 0$, ou $\frac{-zz}{y} = \dot{z}$, ainsi $CP = \frac{1-\dot{y}\dot{y}}{\dot{z}} = y - \frac{4y^3}{aa}$, $PL = z \times CP = \frac{1}{2}a - \frac{2yy}{a}$, & $CL = \frac{aa - 4yy}{aa}\sqrt{4yy - aa}$; ôtant y & x de CP & de PL, il reste $CD = -\frac{4y^3}{aa}$, & $AL = \frac{1}{2}a - \frac{3yy}{a}$; on ôte y & x parce que quand CP & PL ont des Valeurs affirmatives, ces Lignes tombent à l'égard du Point P vers D & A, & qu'on doit les diminuer en leur retranchant les Quantités affirmatives PD & AP ; & quand elles ont des Valeurs négatives elles tombent de l'autre côté du Point P, & on doit alors les augmenter, ce qui arrive aussi en leur ôtant les Quantités affirmatives PD & AP.

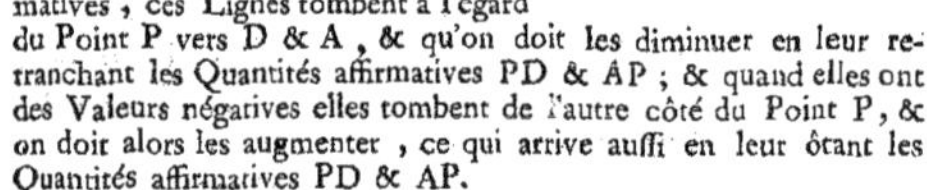

XVI. Après avoir trouvé le Point C, pour avoir la longueur de la partie de Courbe CK, il faudra chercher la longueur de la Tangente au Point K & l'ôter de la longueur CD ; par Exemple, si K est le Point auquel se termine la Tangente lorsque CΔ & Δg, ou 1 & z sont égales, c'est-à-dire, lorsque ce Point est pris sur l'Abcisse même AP, mettez 1 pour z dans l'Equation $a = 2yz$, vous aurez $a = 2y$, écrivez donc $\frac{1}{2}a$ au lieu de y dans la Valeur de CD, c'est-à-dire, dans $\frac{4y^3}{aa}$ elle deviendra $-\frac{1}{2}a$, ce qui est la longueur de la Tangente au Point K ou de la Ligne DG, la différence de cette Ligne & de la Valeur indéfinie de CD est CG ou $\frac{4y^3}{aa} - \frac{1}{2}a$, à laquelle la partie CK de la Courbe est égale.

XVII. Pour connoître la Courbe ôtez AK qui est $= \frac{1}{4}a$ de la longueur AL, après avoir changé le Signe en affirmatif, il vous restera KL $= \frac{5yy}{a} - \frac{1}{4}a$ que vous appellerez t, appellez de même u la Valeur de la Ligne CL, substituez $\frac{4at}{5}$ au lieu de $4yy - aa$ dans cette Valeur, & vous aurez $\frac{2t}{3a}\sqrt{\frac{4}{5}at} = u$, ou $\frac{16t^3}{27a} = uu$, Equation à une Parabole de la seconde espece, comme on l'avoit trouvé ci-devant.

XVIII. Lorsqu'on ne peut pas commodément réduire la Relation de t à u à une Equation, il suffit de trouver les longueurs PC & PL, comme si la Relation entre AP & PD est donnée par l'Equation $3a^2x + 3a^2y - y^3 = 0$, vous aurez d'abord $a^2 + a^2\dot{z} - y^2z = 0$, ensuite $aa\dot{z} - 2yyz - y^2\dot{z} = 0$. Donc $z = \frac{aa}{yy - aa}$, & $\dot{z} = \frac{2yyz}{aa - yy}$; ainsi PC ou $\frac{1 - yy}{\dot{z}}$, & PL ou $z \times$ PC sont données, & par conséquent le Point C & la longueur de la Courbe, au moyen de la différence DC ou PC $- y$ des deux Tangentes correspondantes.

XIX. Par Exemple, si nous faisons $a = 1$, & pour déterminer quelque Point C de la Courbe si nous prenons $y = 2$, alors AP ou $x = \frac{y^3 - 3a^2y}{3aa} = \frac{2}{3}$, $z = \frac{1}{3}$, $\dot{z} = -\frac{4}{9}$, PC $= -2$, & PL $= -\frac{2}{3}$; pour déterminer un autre Point si nous prenons $y = 3$, alors AP $= 6$, $z = \frac{1}{8}$ $\dot{z} = -\frac{1}{112}$, PC $= -84$ & PL $= -10\frac{1}{2}$; ôtons y de PC il nous restera -4 dans le premier cas & -87 dans le second pour les longueurs DC dont la différence 83 est la longueur de la Courbe comprise entre les deux Points trouvés C & c.

XX. Ceci doit s'entendre d'une Courbe dont le Terme ou la limite qu'on appelle la pointe ne se trouve pas entre les Points C & c ou C & K; car si cette pointe ou plusieurs pointes se trouvent entre ces Points (ce que l'on peut trouver en faisant DC ou PC un moindre ou un plus grand), les longueurs de chacune des parties de la Courbe entre ces pointes & les Points C ou K doivent être trouvées séparément & ensuite ajoutées ensemble.

PROB.

PROBLEME XI.

Trouver autant de Courbes que l'on voudra dont les longueurs puiſſent ſe comparer avec celle d'une Courbe propoſée quelconque, ou avec ſon Aire par des Equations finies.

I. CELA ſe fait en mettant la longueur ou l'Aire de la Courbe propoſée dans l'Equation que nous avons pris dans le Probléme précédent pour déterminer la Relation entre AP & PD, (*Fig. pag.* 134.); mais pour en tirer z & $\dot{z}$ il faut trouver qu'elle eſt la Fluxion de la longueur ou de l'Aire.

II. On détermine la Fluxion de la longueur en la faiſant égale à la Racine quarrée de la ſomme des quarrés de la Fluxion de l'Abciſſe & de l'Ordonnée; car ſoit RN l'Ordonnée perpendiculaire qui ſe meut ſur l'Abciſſe MN, & ſoit QR la Courbe propoſée à laquelle ſe termine RN, appellez MN, s, NR, t, QR, u; les Fluxions reſpectives ſeront $\dot{s}$, $\dot{t}$, $\dot{u}$; concevez que NR ſe meut en nr infiniment près de NR, abaiſſez RS perpendiculaire à nr, les petites Lignes RS, Sr & Rr, ſeront les Moments contemporains des Lignes MN, NR & QR, & elles augmentent de ces Quantités en devenant Mn, nr & Qr; or ces Moments ſont entre-eux comme les Fluxions des mêmes Lignes & l'Angle RSr eſt un Angle droit, donc $\sqrt{RS^2 + Sr^2} = Rr$, ou $\sqrt{\dot{s}^2 + \dot{t}^2} = \dot{u}$.

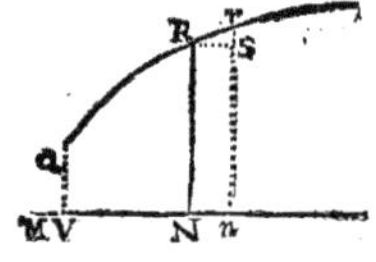

III. Mais il faut deux Equations pour déterminer les Fluxions $\dot{s}$ & $\dot{t}$, l'une pour avoir la Relation entre MN & NR ou s & t; d'où on tirera la Relation des Fluxions $\dot{s}$ & $\dot{t}$, & l'autre pour avoir la Relation entre MN ou NR de la Figure donnée, & AP ou x de la Figure cherchée; d'où l'on tirera la Relation de la Fluxion $\dot{s}$ ou $\dot{t}$ à la Fluxion $\dot{x}$ ou 1.

IV. Enfuite ayant trouvé $\dot{u}$, il faudra au moyen d'une troiſiéme Equation donnée ou priſe trouver les Fluxions $\dot{y}$ & $\dot{z}$, ce qui déterminera la longueur PD ou y, après quoi il n'y aura plus qu'à trouver $PC = \frac{1-\dot{y}\dot{y}}{\dot{z}}$, $PL = y \times PC$ & $DC = PC - y$, comme dans le Prob. précédent.

V. Exemple 1. Soit $as - ss = tt$ l'Equation à la Courbe donnée QR qui par conſéquent eſt un Cercle ; $xx = az$ l'Equation qui exprime la Relation entre les Lignes AP & MN, & $\frac{2}{3}u = y$, la Relation entre la longueur de la Courbe donnée QR & la droite PD ; la premiere Equation donne $a\dot{s} - 2\dot{s}s = 2\dot{t}t$, ou $\frac{a-2s}{2t}\dot{s} = \dot{t}$, & de là $\frac{a\dot{s}}{2t} = \sqrt{\dot{s}^2 + \dot{t}^2} = \dot{u}$; par la ſeconde Equation l'on a $2x = a\dot{s}$, & par conſéquent $\frac{x}{t} = \dot{u}$; par la troiſiéme $\frac{2}{3}\dot{u} = \dot{y}$, c'eſt-à-dire, $\frac{2x}{3t} = z$, & de là $\frac{2}{3t} - \frac{2x\dot{t}}{3tt} = \dot{z}$, ce qui étant trouvé vous déterminerez $PC = \frac{1-\dot{y}\dot{y}}{\dot{z}}$, $PL = \dot{y} \times PC$ & $DC = PC - y$, ou $PC - \frac{2}{3}QR$; on voit que l'on ne peut avoir la longueur de la Courbe donnée QR ſans connoître en même temps la droite DC, & que cela donne la longueur de la Courbe où ſe trouve le Point C. & *vice verſa*.

VI. Exemple 2. Retenant l'Equation $as - ss = tt$, faites $x = s$ & $uu - 4ax = 4ay$; la premiere Equation donnera comme ci-deſſus $\frac{a\dot{s}}{2t} = \dot{u}$, la ſeconde $1 = \dot{s}$ & par conſéquent $\frac{a}{2t} = \dot{u}$; la troiſiéme $2\dot{u}u - 4a = 4a\dot{y}$, ou $\frac{u}{4t} - 1 = z$ en exterminant $\dot{u}$, & de là $\frac{\dot{u}}{4t} - \frac{u\dot{t}}{4tt} = \dot{z}$

VII. Exemple 3. Suppoſons trois Equations $aa = st$, $a + 3s = x$, & $x + u = y$; la premiere qui déſigne une Hyperbole donne $0 = \dot{s}t + \dot{t}s$, ou $-\frac{\dot{s}t}{s} = \dot{t}$, & par conſéquent $\frac{\dot{s}}{s}\sqrt{ss+tt} = \sqrt{\dot{s}\dot{s}+\dot{t}\dot{t}} = \dot{u}$; la ſeconde donne $3\dot{s} = 1$, & $\frac{1}{3s}\sqrt{ss+tt} = \dot{u}$; la troiſiéme donne $1 + \dot{u} = \dot{y}$, ou $1 + \frac{1}{3s}\sqrt{ss+tt} = \dot{z}$; ſuppoſons que $\dot{w}$ repréſente la Fluxion du Radical $\frac{1}{3s}\sqrt{ss+tt}$, nous aurons $\dot{w}=\dot{z}$ & $\frac{1}{3s}\sqrt{ss+tt}=w$, ou $\frac{1}{9}+\frac{tt}{9ss}=ww$, & de la $\frac{2t\dot{t}}{9ss}-\frac{2tt\dot{s}}{9s^3}=2w\dot{w}$; & ſubſtituant $-\frac{\dot{s}t}{s}$ au lieu de $\dot{t}$ & enſuite $\frac{1}{s}$ au lieu de $\dot{s}$, puis diviſant par $2w$, nous aurons $-\frac{stt}{27ws^3}=\dot{w}=\dot{z}$; ainſi $\dot{y}$ & $\dot{z}$ étant trouvées, on fera le reſte comme dans le premier Exemple.

VIII. Si d'un Point quelconque Q d'une Courbe, on laiſſe tomber ſur MN une perpendiculaire QV, & s'il faut trouver une Courbe dont la longueur puiſſe ſe connoître par la longueur de l'Aire QRNV diviſée par une Ligne donnée E, appellez u la longueur $\frac{QRNV}{E}$ & $\dot{u}$ ſa Fluxion. Comme la Fluxion de l'Aire QRNV eſt à la Fluxion de l'Aire du Rectangle E × VN, comme l'Ordonnée NR qui décrit cette Aire eſt à la Ligne E qui décrit l'autre dans le même temps, & que les Fluxions $\dot{u}$ & $\dot{s}$ des Lignes u & MN, s, ou des longueurs de ces Aires diviſées par la Ligne E ſont auſſi dans le même raport, vous aurez $\dot{u}=\frac{\dot{s}t}{E}$, il faut donc chercher par cette Régle la Valeur de $\dot{u}$, & faire le reſte comme dans les Exemples précédents.

IX. EXEMPLE 4. Soit QR une Hyperbole repreſentée par l'Equation $aa+\frac{ats}{c}=tt$, en prenant les Fluxions vous aurez $\frac{at\dot{s}}{c}=t\dot{t}$, ou $\frac{a\dot{s}}{ct}=\dot{t}$; ſi pour les deux autres Equations vous faites $x=s$ & $y=u$, la premiere vous donnera $1=\dot{s}$; d'où $\dot{u}=\frac{\dot{s}t}{E}=\frac{t}{E}$, & la ſeconde donne $\dot{y}=\dot{u}$, ou $z=\frac{t}{E}$ & enſuite $\dot{z}=\frac{\dot{t}}{E}$, ſubſtituant $\frac{a\dot{s}}{ct}$ ou $\frac{a}{ct}$ pour $\dot{t}$, cette derniere Equation devient $\dot{z}=\frac{a}{Ect}$; $\dot{y}$ & $\dot{z}$ étant donc trouvées faites comme auparavant $CP=\frac{1-\ddot{y}y}{\dot{z}}$, & PL = CP × $\dot{y}$, vous aurez le Point C & la Courbe où il ſe trouve dont vous connoîtrez la longueur par la longueur DC = CP − u, comme on l'a fait voir ci-devant.

X. On peut résoudre ce Problême par une autre Méthode, qui consiste à trouver des Courbes dont les Fluxions sont ou égales à la Fluxion de la Courbe proposée, ou composées de la Fluxion de cette Courbe & d'autres Lignes ; cela peut servir quelque fois pour changer des Courbes Mécaniques en Courbes Géometriques uniformes, on peut en voir un Exemple remarquable dans les Lignes Spirales.

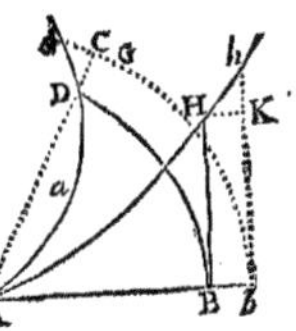

XI. *Soit* AB une droite donnée de position, BD un Arc se mouvant sur AB comme sur une Abcisse mais retenant toujours le Point A pour son Centre, AD*d* une Spirale à laquelle se termine continuellement l'Arc BD, *bd* un Arc infiniment près du premier, ou bien le lieu infiniment prochain ou arrive BD ; DC une perpendiculaire à l'Arc *bd*, *d*G la différence des Arcs, AH une autre Courbe égale à la Spirale AD, BH une droite se mouvant perpendiculairement sur AB & terminée à la Courbe AH, *bh* la Ligne infiniment près de BH, & enfin HK une perpendiculaire à *bh*. Dans les Triangles infiniment petits DC*d*, HK*b*, puisque DC = B*b* = HK, & que par l'Hypothese D*d* & H*b* sont des parties correspondantes de Courbes égales, c'est-à-dire, des Lignes égales, que de plus les Angles C & K sont droits, les autres côtés *d*C & *b*K des Triangles seront aussi égaux ; & comme AB : BD :: A*b* : *b*C :: A*b* — AB (B*b*) : *b*C — BD (CG), $\frac{BD \times Bb}{AB}$ sera = CG ôtant cette Quantité de *d*G il reste *d*G $- \frac{BD \times Bb}{AB}$ = *d*C = *b*K, faites donc AB = z, BD = u, BH = y, & leur Fluxions $\dot{z}$, $\dot{u}$ & $\dot{y}$; B*b*, *d*G & *b*K sont les Moments contemporains de ces mêmes Lignes, par l'Addition desquelles elles deviennent A*b*, *bd* & *bh*, ces Moments sont donc entre-eux comme les Fluxions ; substituez donc dans la derniere Equation les Fluxions au lieu des Moments & les Lettres pour les Lignes, vous aurez $\dot{u} - \frac{u\dot{z}}{z} = \dot{y}$, & prenant $\dot{z}$ pour l'unité l'Equation sera $\dot{u} - \frac{u}{z} = \dot{y}$.

XII. La Relation entre AB & BD ou entre z & u étant donc exprimée par une Equation qui détermine la Spirale, la Fluxion $\dot{u}$

fera donnée, & ensuite la Fluxion $\dot{y}$ en la faisant $= \dot{u} - \frac{u}{z}$; puis par le Prob. 2. l'on aura y ou BH, dont $\dot{y}$ est la Fluxion.

XIII. Exemple 1. Soit l'Equation à la Spirale d'*Archimede* $\frac{zz}{a} = u$, on aura $\frac{2z}{a} = \dot{u}$, ôtez $\frac{u}{z}$ ou $\frac{z}{a}$ vous aurez $\frac{z}{a} = \dot{y}$, & par le Prob. 2. $\frac{zz}{2a} = y$, ce qui montre que la Courbe AH à laquelle est égale la Spirale AD est la Parabole d'*Apollonius* dont le Parametre est $2a$, ou dont l'Ordonnée BH est toujours égale à la moitié de l'Arc BD.

XIV. Exemple 2. Si la Spirale proposée est exprimée par l'Equation $z^3 = au^2$ ou $u = \frac{z^{\frac{3}{2}}}{a^{\frac{1}{2}}}$, vous aurez par le Prob. 1. $\frac{3z^{\frac{1}{2}}}{2a^{\frac{1}{2}}} = \dot{u}$; ôtant $\frac{u}{z}$ ou $\frac{z^{\frac{1}{2}}}{a^{\frac{1}{2}}}$, vous aurez $\frac{z^{\frac{1}{2}}}{2a^{\frac{1}{2}}} = \dot{y}$, & de là par le Prob. 2. $\frac{z^{\frac{3}{2}}}{3a^{\frac{1}{2}}} = y$, c'est-à-dire, $\frac{1}{3}$BD $=$ BH, AH étant une Parabole de la seconde espece.

XV. Exemple 3. Si l'Equation à la Spirale est $z\sqrt{\frac{a+z}{c}} = u$; vous aurez par le Prob. 1. $\frac{2a+3z}{2\sqrt{ac+cz}} = \dot{u}$, d'où retranchant $\frac{u}{z}$ ou $\sqrt{\frac{a+z}{c}}$, il nous restera $\frac{z}{2\sqrt{ac+cz}} = \dot{y}$, & comme on ne peut trouver par le Prob. 2. la Fluente de $\dot{y}$ qu'en suite infinie ; je réduis l'Equation à la forme des Equations de la premiere Colonne des Tables en substituant z^n pour z, ce qui donne $\frac{z^{2n-1}}{2\sqrt{ac+cz^n}} = \dot{y}$, Equation qui appartient à la seconde Espece du quatriéme Ordre de la Table 1. comparant les Termes j'ai $d = \frac{1}{2}$, $e = ac$, & $f = c$, de sorte que $\frac{z-2a}{3c} \cdot \sqrt{ac+cz} = t = y$, Equation à une Courbe Géometrique AH, dont la longueur égale celle de la Spirale AD.

PROBLEME XII.

Déterminer la longueur des Courbes.

I. DANS le Problême précédent nous avons montré que la Fluxion d'une Ligne Courbe est égale à la Racine quarrée de la somme des quarrés des Fluxions de l'Abcisse & de l'Ordonnée perpendiculaire ; en prenant donc la Fluxion de l'Abcisse pour la mesure uniforme & determinée, ou autrement pour l'unité à laquelle nous puissions rapporter les autres Fluxions, & trouvant par l'Equation à la Courbe la Fluxion de l'Ordonnée, nous aurons la Fluxion de la Ligne Courbe, d'où par le Prob. 2. nous déduirons sa longueur.

II. EXEMPLE 1. Soit proposée la Courbe FDH exprimée par l'Equation $\frac{z^3}{aa} + \frac{aa}{12z} = y$; faites l'Abcisse AB $= z$, & l'Ordonnée DB $= y$; l'Equation vous donnera $\frac{3zz}{aa} - \frac{aa}{12zz} = \dot{y}$, en supposant que la Fluxion de z est 1. Ajoutant donc les quarrés des Fluxions la somme sera $\frac{9z^4}{a^4} + \frac{1}{2} + \frac{a^4}{144z^4} = \dot{t}\dot{t}$, & tirant la Racine $\frac{3zz}{aa} + \frac{aa}{12zz} = \dot{t}$, & de la par le Prob. 2. $\frac{z^3}{aa} - \frac{aa}{12z} = t$. $\dot{t}$ est ici la Fluxion de la Courbe & t sa longueur.

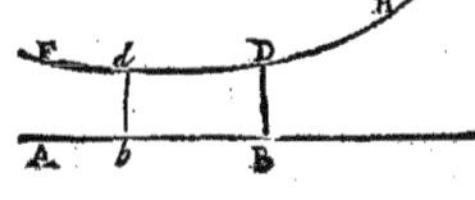

III. Si l'on demandoit donc la longueur dD d'une partie quelconque de cette Courbe ; des Points d & D abaissez sur AB les perpendiculaires db & DB, & dans la Valeur de t substituez au lieu de z les Quantités AB & Ab, la différence des Résultats sera dD la longueur cherchée, comme si A$b = \frac{1}{2}a$ & AB $= a$, en écrivant $\frac{1}{2}a$ pour z, t devient $= -\frac{a}{24}$, ensuite écrivant a pour z, t devient $= \frac{11a}{12}$, la différence $\frac{23a}{24}$ de ces deux Valeurs est égale à la longueur dD ; ou si Ab étant $\frac{1}{2}a$, AB est regardée comme indéterminée, on aura $\frac{z^3}{aa} - \frac{aa}{12z} + \frac{a}{24}$ pour la Valeur de dD.

IV. Pour connoître la partie de Courbe que t exprime, égalez à zero la Valeur de t, vous aurez $z^4 = \frac{a^4}{12}$ ou $z = \frac{a}{\sqrt[4]{12}}$; si vous prenez donc $Ab = \frac{a}{\sqrt[4]{12}}$, & si vous élevez la perpendiculaire bd la longueur de l'Arc dD sera t ou $\frac{z^3}{aa} - \frac{aa}{12z}$. La même chose doit s'entendre de toutes les Courbes en général.

V. De l'Equation $\frac{z^4}{a^3} + \frac{a^3}{32z^2} = y$. On déduira de la même maniere $t = \frac{z^4}{a^3} - \frac{a^3}{32z^2}$; & de l'Equation $\frac{z^{\frac{3}{2}}}{a^{\frac{1}{2}}} - \frac{1}{3}a^{\frac{1}{2}}z^{\frac{1}{2}} = y$, on tirera $t = \frac{z^{\frac{3}{2}}}{a^{\frac{1}{2}}} + \frac{1}{3}a^{\frac{1}{2}}z^{\frac{1}{2}}$; & en general de $cz^\theta + \frac{z^{2-\theta}}{4\theta\theta c - 8\theta c} = y$, ou θ représente un nombre quelconque entier ou rompu, on déduira $cz^\theta - \frac{z^{2-\theta}}{4\theta\theta c - 8\theta c} = t$.

VI. Exemple 2. Si la Courbe proposée est exprimée par l'Equation $\frac{2aa+2zz}{3aa}\sqrt{aa+zz} = y$, vous aurez par le Prob. 1. $\dot{y} = \frac{4a^4z + 8a^2z^3 + 4z^5}{3a^4y}$, & en exterminant y, $\dot{y} = \frac{2z}{aa}\sqrt{aa+zz}$, ajoutez 1 au quarré de cette Quantité la somme sera $1 + \frac{4zz}{aa} + \frac{4z^4}{a^4}$, & sa Racine $1 + \frac{2zz}{aa} = \dot{t}$; d'où par le Prob. 2. $z + \frac{2z^3}{3a^2} = t$.

VII. Exemple 3. Soit proposée une Parabole de la seconde Espece dont l'Equation est $z^3 = ay^2$ ou $\frac{z^{\frac{3}{2}}}{a^{\frac{1}{2}}} = y$; par le Prob. 1. vous aurez $\frac{3z^{\frac{1}{2}}}{2a^{\frac{1}{2}}} = \dot{y}$, & par conséquent $\sqrt{1 + \frac{9z}{4a}} = \sqrt{1 + \dot{y}\dot{y}} = \dot{t}$; & comme la longueur de la Courbe ou la Fluente de $\dot{t}$ ne peut pas se trouver ici autrement que par une suite infinie, consultez les Tables & vous aurez $t = \frac{8a+18z}{27}\sqrt{1+\frac{9z}{4a}}$; vous pourrez de la même façon trouver les longueurs des Paraboles $z^5 = ay^4$, $z^7 = ay^6$, $z^9 = ay^8$, &c.

VIII. Exemple 4. Soit proposée la Parabole dont l'Equation est $z^4 = ay^3$ ou $\frac{z^{\frac{4}{3}}}{a^{\frac{1}{3}}} = y$, on aura $\frac{4z^{\frac{1}{3}}}{3a^{\frac{1}{3}}} = \dot{y}$ & par conséquent $\sqrt{1 + \frac{16z^{\frac{2}{3}}}{9a^{\frac{2}{3}}}} = \sqrt{\dot{y}\dot{y} + 1} = \dot{t}$; ainsi je consulte les Tables & la comparaison du second Theoreme du 5e Ordre de la Table 2. me donne $z^{\frac{1}{3}} = x$,

$\sqrt{1 + \frac{16xx}{9a^{\frac{2}{3}}}} = u$ & $\frac{3}{2}s = t$; x marque l'Abciſſe, y l'Ordonnée ; s l'Aire de l'Hyperbole, & t la longueur de l'Aire $\frac{3}{2}s$ diviſée par l'unité lineaire.

IX. On peut de la même maniere réduire à l'Aire de l'Hyperbole les longueurs des Paraboles $z^6 = ay^5$, $z^8 = ay^7$, $z^{10} = ay^9$, &c.

X. Exemple 5. Soit propoſée la Ciſſoïde des Anciens dont l'Equation eſt $\frac{aa - 2az + zz}{\sqrt{az - zz}} = y$, vous aurez $\frac{-a - 2z}{2zz}\sqrt{az - zz} = \dot{y}$, & par conſéquent $\frac{a}{2z}\sqrt{\frac{a + 3z}{z}} = \sqrt{\dot{y}\dot{y} + 1} = \dot{t}$, & mettant z^η pour $\frac{1}{z}$ ou z^{-1}, $\dot{t}$ ſera $= \frac{a}{2z}\sqrt{az^\eta + 3}$, Equation de la premiere Eſpece du 3e Ordre de la Table 2. comparant les Termes $\frac{a}{2} = d$, $3 = e$, & $a = f$, de ſorte que $z = \frac{1}{z^\eta} = x^2$, $\sqrt{a + 3xx} = u$, & $6s - \frac{2u^3}{x} = \frac{4de}{\eta f} \times \frac{u^3}{2ex} - s = t$, prenant a pour l'unité par la Multiplication ou Diviſion de laquelle ces Quantités puiſſent ſe réduire à un nombre juſte de Dimenſions, il vient $az = xx$, $\sqrt{aa + 3xx} = u$, & $\frac{6s}{a} - \frac{2u^3}{ax} = t$, ce qui ſe conſtruit ainſi.

XI. Soit VD la Ciſſoïde, AV le Diametre de ſon Cercle, AE ſon Aſymptote & DB une perpendiculaire ſur AV coupant la Courbe en D. Avec le demi Axe AF = AV & le demi Parametre AG = $\frac{1}{3}$AV ſoit décrite l'Hyperbole F*k*K ; prenez AC moyenne proportionelle entre AB & AV ; ſur AV aux Points C & V, tirez les perpendiculaires C*k* & VK qui coupent l'Hyperbole en K & *k* ; à ces Points tirez les Tangentes KT & *kt* qui coupent AV en T & en *t*, ſur AV décrivez le Rectangle AVNM égal à l'Eſpace TK*kt* la longueur de la Ciſſoïde VD ſera Sextuple de la hauteur VN.

XII.

EXEMPLE 6. Suppoſons que Ad ſoit une Ellipſe dont l'Equation eſt $\sqrt{az - 2zz} = y$, ſoit propoſée une Courbe Mécanique AD d'une nature telle que ſi Bd ou y eſt prolongée juſqu'à-ce qu'elle rencontre cette même Courbe en D, BD ſoit égal à l'Arc Elliptique Ad. Pour en trouver la longueur je prends la Fluxion $\frac{a - 4z}{2\sqrt{az - 2zz}} = \dot{y}$, de l'Equation $\sqrt{az - 2zz} = y$, j'ajoute l'unité au quarré de cette Fluxion & j'ai $\frac{aa - 4az + 8zz}{4az - 8zz}$, ce qui eſt le quarré de la Fluxion de l'Arc Ad ; ajoutez encore l'unité vous aurez $\frac{aa}{4az - 8zz}$ dont la Racine quarrée $= \frac{a}{2\sqrt{az - 2zz}}$ eſt la fluxion de la Ligne Courbe AD ; ſi vous tirez z hors du Signe Radical & ſi pour z^{-1} vous écrivez z^{n}, vous aurez $\frac{a}{2z\sqrt{az^{n} - 2}}$ Fluxion de la premiere Eſpece du 4e Ordre de la Table 2. comparant donc les Termes $d = \frac{1}{2}a$, $e = -2$, & $f = a$, de ſorte que $z = \frac{1}{z^{n}} = x$, $\sqrt{ax - 2xx} = u$, & $\frac{8t}{a} - \frac{4xu}{a} + u = \frac{8de}{ff} \times s - \frac{1}{2}xu - \frac{fu}{4e} = t$, ce qui ſe conſtruit ainſi.

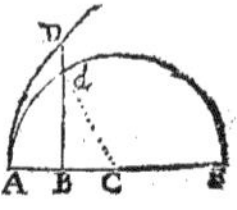

XIII. Ayant tiré au Centre de l'Ellipſe la Ligne droite dC, faites ſur AC un Parallelogramme égal au Secteur ACd, le double de ſa hauteur ſera la longueur de la Courbe AD.

XIV. EXEMPLE 7. Faisant $A\beta = \varphi$ (*Fig.* 1.) & $\alpha\delta$ étant une Hyperbole dont l'Equation est $\sqrt{-a + b\varphi\varphi} = \beta\delta$, & sa Tangente δT étant supposée tirée, soit proposée la Courbe $V d D$, dont l'Abcisse AB est $\frac{1}{\varphi\varphi}$, l'Ordonnée perpendiculaire est la longueur BD produite par l'Aire $\alpha\delta T\alpha$ divisée par l'unité; pour déterminer la longueur de cette Courbe VD, je cherche la Fluxion de l'Aire $\alpha\delta T\alpha$, en supposant que AB flue uniformément & je trouve que cette Fluxion est $\frac{a}{4bz}\sqrt{b - az}$, AB étant $= z$ & sa Fluxion $= 1$; car $AT = \frac{a}{b\varphi} = \frac{a}{b}\sqrt{z}$ & sa Fluxion $= \frac{a}{2b\sqrt{z}}$ dont la moitié multipliée par la hauteur $\beta\delta$ ou $\sqrt{-a + \frac{b}{z}}$ est la Fluxion de l'Aire $\alpha\delta T$ décrite par la Tangente δT, cette Fluxion est donc $\frac{a}{4bz}\sqrt{b - az}$, & étant divisée par l'unité elle devient la Fluxion de l'Ordonnée BD. Au quarré $\frac{aab - a^3z}{16b^2z^2}$ de cette Fluxion, ajoutez 1 & vous aurez $\frac{aab - a^3z + 16b^2z^2}{16b^2z^2}$ dont la Racine $\frac{1}{4bz}\sqrt{a^2b + a^3z + 16b^2z^2}$ est la Fluxion de la Courbe VD; cette Fluxion est de la premiere Espece du 7e Ordre de la Table 2. comparant les Termes on aura $\frac{1}{4b} = d$, $aab = e$, $-a^3 = f$, $16b^2 = g$, & par conséquent $z = x$ & $\sqrt{a^2b - a^3x + 16b^2x^2} = u$ Equation à une Section Conique comme HG (*Fig.* 2.) dont l'Aire EFGH est s, si $EF = x$ & $FG = u$. On aura aussi $\frac{1}{z} = \xi$ & $\sqrt{16bb - a^3\xi + ab\xi^2} = \Upsilon$, Equation à une autre Section Conique comme ML (*Fig.* 3.) dont l'Aire IKLM est σ si $IK = \xi$ & $KL = \Upsilon$, enfin $t = \frac{2aabb\xi\Upsilon - a^3b\Upsilon - a^4u - 4aabb\sigma - 32abbs}{64b^4 - a^6}$.

XV. Pour trouver donc la longueur d'une partie quelconque Dd de la Courbe VD, abaissez sur AB la perpendiculaire db, faites A$b = z$ & au moyen de ce qui est trouvé cherchez la Valeur de t; ensuite faites AB $= z$ & cherchez encore la Valeur de t, la difference de ces deux Valeurs de t sera la longueur cherchée Dd.

XVI. Exemple 8. Soit proposée l'Equation à l'Hyperbole $\sqrt{aa + bzz} = y$, ce qui donne $\dot{y} = \frac{bz}{y}$ ou $\frac{bz}{\sqrt{aa + bzz}}$, au quarré de cette Quantité ajoutez l'unité, la Racine de la somme sera $\sqrt{\frac{aa + bzz + bbzz}{aa + bzz}} = \dot{t}$; comme cette Fluxion ne se trouve pas dans les Tables je la réduis à une suite infinie, & par la Division d'abord elle devient $\dot{t} = \sqrt{1 + \frac{b^2}{a^2}z^2 - \frac{b^3}{a^4}z^4 + \frac{b^4}{a^6}z^6 - \frac{b^5}{a^8}z^8}$, &c. & en tirant la Racine, $\dot{t} = 1 + \frac{b^2}{2a^2}z^2 - \frac{4b^3 + b^4}{8a^4}z^4 + \frac{8b^4 + 4b^5 + b^6}{16a^6}z^6$, &c. d'où par le Prob. 2. on tire la longueur de l'Arc Hyperbolique $t = z + \frac{b^2}{6a^2}z^3 - \frac{4b^3 + b^4}{40a^4}z^5 + \frac{8b^4 + 4b^5 + b^6}{112a^6}z^7$, &c

XVII. Si l'on proposoit l'Equation à l'Ellipse $\sqrt{aa - bzz} = y$, il faudroit changer par tout le Signe de b & on auroit alors $z + \frac{b^2}{6a^2}z^3 + \frac{4b^3 - b^4}{40a^4}z^5 + \frac{8b^4 - 4b^5 + b^6}{112a^6}z^7$, &c. pour la longueur de l'Arc. En mettant l'unité pour b l'on aura $z + \frac{z^3}{6a^2} + \frac{3z^5}{40a^4} + \frac{5z^7}{112a^6}$, &c. pour la longueur de l'Arc circulaire. On trouvera des Coëfficiens numériques de cette suite à l'infini, en multipliant continuellement les Termes de cette Progression $\frac{1 \times 1}{2 \times 3}$, $\frac{3 \times 3}{4 \times 5}$, $\frac{5 \times 5}{6 \times 7}$, $\frac{7 \times 7}{8 \times 9}$, $\frac{9 \times 9}{10 \times 11}$.

XVIII. Exemple 9. Enfin soit proposée la Quadratrice VDE dont le sommet est V, A le Centre & AV le demi Diametre de son Cercle, & l'Angle VAE soit un Angle droit; du Point A tirez une droite quelconque AKD qui coupe le Cercle en K & la Quadratrice en D; sur AE abaissez les perpendiculaires KG, DB; faites AV $= a$, AG $= z$, VK $= x$ & DB $= y$, vous aurez comme dans l'Exemple précédent $x = z + \frac{z^3}{6a^2} + \frac{3z^5}{40a^4} + \frac{5z^7}{112a^6}$, tirez la Racine z & vous aurez $z = x - \frac{x^3}{6a^2} + \frac{x^5}{120a^4} - \frac{x^7}{5040a^6}$, &c. ôtez de AK$q$

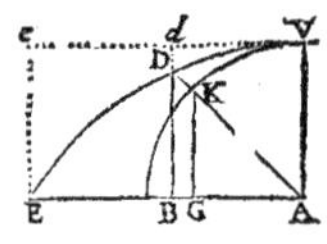

ou a^2 le quarré de cette Quantité, la Racine $a - \frac{x^2}{2a} + \frac{x^4}{24a^3} - \frac{x^6}{720a^5}$ du reste sera $=$ GK ; mais comme par la nature de la Quadratrice AB $=$ VR $= x$, & comme AG : GK : : AB : BD, y ; divisez AB $\times$ GK par AG vous aurez $y = a - \frac{xx}{3a} - \frac{x^4}{45a^3} - \frac{2x^6}{945a^5}$, &c. d'où $\dot{y} = - \frac{2x}{3a} - \frac{4x^3}{45a^3} - \frac{4x^5}{315a^5}$, &c. ajoutez l'unité au quarré de cette Quantité, tirez la Racine de la somme il vous vient $1 + \frac{2xx}{9aa} + \frac{14x^4}{405a^4} + \frac{604x^6}{127575a^6}$, &c. $= \dot{t}$, d'où t ou l'Arc de la Quadratrice VD $= x + \frac{2x^3}{27a^2} + \frac{14x^5}{2025a^4} + \frac{604x^7}{893025a^6}$ &c.

Extrait des Registres de l'Académie Royale des Sciences, du 23. Décembre 1738.

MESSIEURS de Maupertuis & Clairaut qui avoient été nommés pour examiner la Traduction d'un Traité Anglois de M. Newton sur *la Méthode des Fluxions, par M.* DE BUFFON, en ayant fait leur rapport, la Compagnie a jugé que cet excellent Ouvrage méritoit un Traducteur aussi intelligent; en foi de quoi j'ai signé le présent Certificat. A Paris ce 21. Mai 1740.

FONTENELLE, Sec. perp. de l'Ac. Roy. des Sc.

PRIVILEGE DU ROY.

LOUIS par la grace de Dieu Roi de France & de Navarre: A nos amez & feaux Conseillers, les Gens tenans nos Cours de Parlement, Maîtres des Requêtes ordinaires de notre Hôtel, Grand'Conseil, Prevôt de Paris, Baillifs, Sénéchaux, leurs Lieutenans Civils & autres nos Justiciers, qu'il appartiendra, SALUT. Notre ACADEMIE ROYALE DES SCIENCES Nous a très-humblement fait exposer, que depuis qu'il Nous a plû lui donner par un Réglement nouveau de nouvelles marques de notre affection, Elle s'est appliquée avec plus de soin à cultiver les Sciences, qui font l'objet de ses exercices; ensorte qu'outre les Ouvrages qu'Elle a déja donné au Public, Elle seroit en état d'en produire encore d'autres, s'il Nous plaisoit lui accorder de nouvelles Lettres de Privilege, attendu que celles que Nous lui avons accordées en date du six Avril 1693. n'ayant point eu de tems limité, ont été déclarées nulles par un Arrêt de notre Conseil d'Etat, du 13. Août 1704. celles de 1713. & celles de 1717. étant aussi expirées; & désirant donner à notredite Academie en corps, & en particulier, & à chacun de ceux qui la composent toutes les facilités & les moyens qui peuvent contribuer à rendre leurs travaux utiles au Public; Nous avons permis & permettons par ces présentes à notredite Académie, de faire vendre ou débiter dans tous les lieux de notre obéïssance, par tel Imprimeur ou Libraire qu'Elle voudra choisir, *Toutes les Recherches ou Observations journalieres, ou Relations annuelles de tout ce qui aura été fait dans les assemblées de notredite Académie Royale des Sciences; comme aussi les Ouvrages, Mémoires, ou Traités de chacun des particuliers qui la composent, & généralement tout ce que ladite Académie voudra faire paroître, après avoir fait examiner lesdits Ouvrages, & jugé qu'ils sont dignes de l'impression;* & ce pendant le tems & espace de quinze années consécutives, à compter du jour de la date desdites présentes. Faisons défenses à toutes sortes de personnes de quelque qualité & condition qu'elles soient d'en introduire d'impression étrangere dans aucun lieu de notre obéïssance; comme aussi à tous Imprimeurs, Libraires, & autres, d'imprimer, faire imprimer, vendre, faire vendre, débiter ni contrefaire aucun desdits Ouvrages ci-dessus specifiés, en tout ni en partie, ni d'en faire aucuns Extraits, sous quelque prétexte que ce soit, d'augmentation, correction, changement de titre, feuilles même séparées, ou autrement, sans la permission expresse & par écrit de notredite Académie, ou de ceux qui auront droit d'elle, & sans cause, à peine de confiscation des Exemplaires contrefaits, de dix mille livres d'amende contre chacun des Contrevenans, dont un tiers à Nous, un tiers à l'Hôtel-Dieu de Paris, l'autre tiers au Dénonciateur, & de tous dépens, dommages & interêts : à la charge que ces présentes seront enregistrées tout au long sur le Registre de la Communauté des Imprimeurs & Libraires de Paris, dans trois mois de la date d'icelles ; que l'impression desdits Ouvrages sera faite dans notre Royaume & non ailleurs, & que notredite Académie se conformera en tout aux Réglemens de la Librairie, & notamment à celui du 10. Avril 1725. & qu'avant que de les exposer en vente, les manuscrits ou imprimés qui auront servi de copie à l'impression desdits Ouvrages, seront remis dans le même état, avec les approbations ou certificats qui auront été donnés, ès mains de notre très-cher & féal Chevalier Garde des Sceaux de France, le Sieur Chauvelin ; & qu'il en sera ensuite remis deux Exemplaires de chacun dans notre Bibliotheque publique, un dans celle de notre Château du Louvre, & un dans celle de notre très-cher & féal Chevalier Garde des Sceaux de France le Sieur Chauvelin : le tout à peine de nullité des présentes; du contenu desquelles vous mandons & enjoignons de faire jouir notredite Académie ou ceux qui auront droit d'Elle & ses ayans cause, pleinement & paisiblement, sans souffrir qu'il leur soit fait aucun trouble ou empêchement : Voulons que la copie desdites présentes qui sera imprimée tout au long au commencement ou à la fin desdits Ouvrages, soit tenuë pour dûement signifiée, & qu'aux copies collationnées par l'un de nos amez & feaux Conseillers & Sécretaires foi soit ajoutée comme à l'Original : Commandons au premier notre Huissier ou Sergent de faire pour l'exécution d'icelles tous actes requis & nécessaires, sans demander autre permission, & nonobstant clameur de Haro, Chartre Normande & Lettres à ce contraires : Car tel est notre plaisir. Donné à Fontainebleau le douziéme jour du mois de Novembre, l'an de grace 1734. & de notre Regne le vingtiéme, Par le Roy en son Conseil. *Signé*,

SAINSON.

Registré sur le Registre VIII. de la Chambre Royale & Syndicale des Libraires & Imprimeurs de Paris, num. 792. fol. 775. conformément aux Réglemens de 1723. qui font défenses, Art. IV. à toutes personnes de quelque qualité & condition qu'elles soient, autres que les Libraires & Imprimeurs, de vendre, débiter, & faire afficher aucuns Livres pour les vendre en leur nom, soit qu'ils s'en disent les Auteurs ou autrement, & à la charge de fournir les Exemplaires prescrits par l'Art. CVIII. du même Réglement. A Paris le 15. Novembre 1734. G. MARTIN, *Syndic.*

www.ingramcontent.com/pod-product-compliance
Ingram Content Group UK Ltd.
Pitfield, Milton Keynes, MK11 3LW, UK
UKHW021045200726
13857UKWH00003B/836